安さんのカツオ漁

川島秀一

はじめに ──三陸から土佐へ

クジラとジンベエザメ

歩き疲れて空腹だったが、そこは食堂も売店もない漁村だった。自動販売機の中から少しでも腹を満たせるものをと、缶入りのオシルコを選び、静かな港でぽつねんと、時間をかけてそれをすすっていると、突然、後ろから声がかかった。そばに置いていたカメラバッグを目にしたのだろう、「写真を撮りに来たがかよ?」と、その爺さまは私の脇に座った。「気仙沼から来た」と言うと、「わしもカツオ船に乗っちょったき、気仙沼にも行った」と懐かしがる。

ここは、高知県中土佐町の矢井賀《やいか》という小さな漁村、カツオ一本釣りの絵馬を調べに来た私にとっては、願ってもいない良き語り手と出会うことになった。バスを待つあいだの一時間、小春日和の海からの照り返しのなかで、田所春之輔翁（大正一三年生まれ）の話を録音するテープは静かに回り始めた。

まっ先にお聞きしたかったことは、今しがた矢井賀の神社で見てきた絵馬のことだった。それは主に明治三十年代から四十年代へかけて、おそらく矢井賀では全盛期であったカツオ一本釣りの様子を描いた、大漁記念の絵馬のことである。和船の船首の先に、海鳥と、その下に大きな魚のようなものが海面に垂直に立って口を開けている。そのような同じ構図をもった絵馬が二〜三

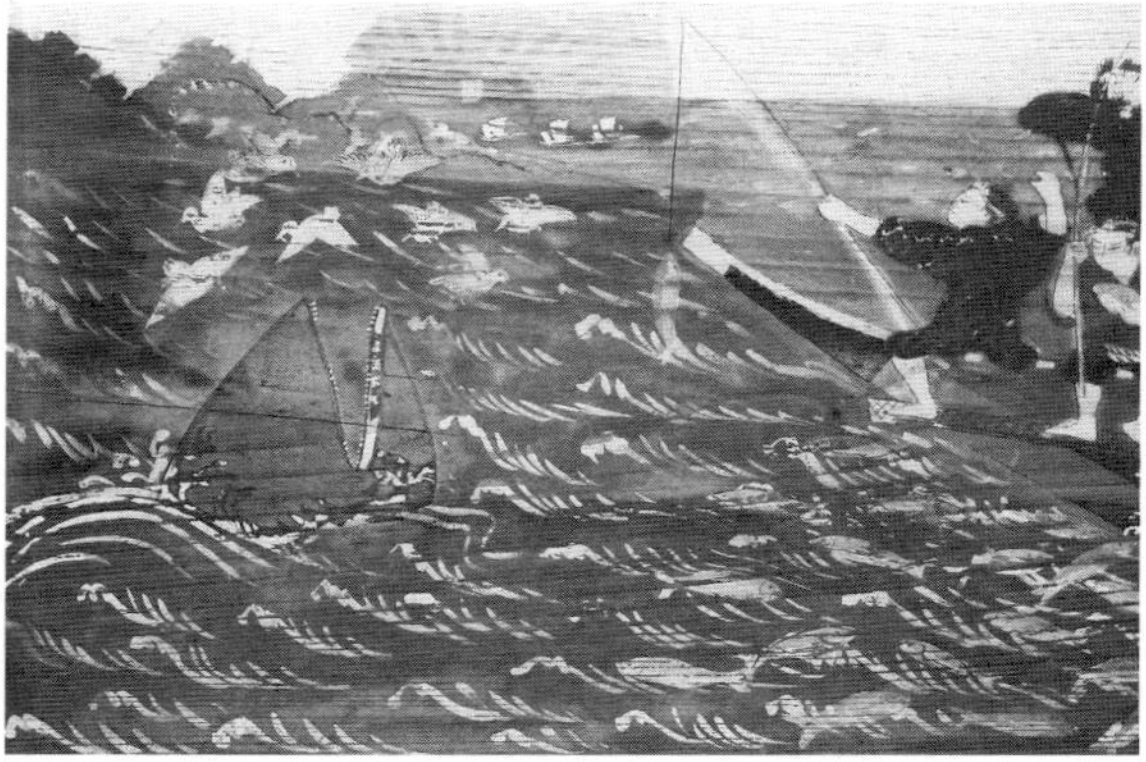

カツオ一本釣り漁を描いた絵馬（中土佐町矢井賀、97.11.24）

枚奉納されていた。

その魚は、三陸沿岸では主にジンベエザメに相当するもので、ジンベエザメとカツオとの共生関係が、「ジンベエ付き」というナブラ（魚の群れのこと、ナムラとも言う）の種類を指す言葉と共に、一種の口承文芸のように、型をもった話として語られることが多い。

土佐のカツオ船でも同じ言い伝えがあるのではないかと尋ねてみたところ、それはジンベエザメではなくてクジラであった。後でわかったことだが、『中土佐町の歴史』（一九八六）にも「鯨ヅキといってクジラに追われて逃げるイワシにカツオがついていることもある」（注1）と記されている。

なるほど土佐湾は、土佐市の宇佐《うさ》でも黒潮町の大方《おおかた》でも、ホエール・ウォッチングの観光化がねらえるほどクジラが回遊する海域である。三陸でも「クジラ付き」があり、土佐にも「ジンベエ付き」があるだろうが、大漁をもたらす頻度を考えれば、三陸ではジンベエザメを代表させ、土佐ではそれがクジラであった。その地域差を広く知っているのが、田所翁のような、カツオ一本釣りの漁師たちである。

それは一九九七年の晩秋のこと、私が初めて土佐の漁村をあるき始めたときで、中土佐町久礼《くれ》のカツオ一本釣り船が三陸から戻ってくるかどうかの、あわいの季節のころだった。

ウミガメとマンボウ

「土佐久礼」の駅前から矢井賀にバスで行った日の前の晩は、中土佐町の南、佐賀町（現黒潮町）のカツオ一本釣り船、大安丸の元船頭の喜多初吉さん（昭和六年生まれ）の家に泊めていただいた。晩方には、近所の会所久義翁（大正七年生まれ）もやってきて、秋の夜が更けるまでカツオ一本釣りの話で盛り上がった。

久義翁は若いころ、三重県尾鷲《おわせ》市の三木浦のカツオ船にも乗ったことがあり、土佐のカツオ船との習俗の相違点も体験されている。三重県のカツオ船は、土佐よりも信仰深く、たとえば、大漁をすると、カツオの心臓（三重ではホシ、土佐ではウスゴ）を、オフナダマ様が祀られているタツというところ（土佐ではデンヅク）に、血がしたたり落ちているまま上げ、血を塗りつけたものだという。

また、三重では「魚の半焼きは腹にあたる」ということで、カツオのタタキを以前は食べなかったが、土佐の漁師たちが教え始めたという。さらに、なま物もあまり食べず、カツオの刺身は塩でもみ、一晩は醤油に漬けておいてから食べるというから、三陸で育った私には、にわかに信じがたい食事習慣であった。

三陸の漁師たちが、三重や土佐の食文化で驚くことの一つに、ウミガメの肉を焼いて食べたり、味噌炊きにすることである。ウミガメはカツオ船の上から見つけたときも、縁起が良いものとして必ず捕らえて食べるものとされ、捕り逃がすと怒られたものだという。捕獲したウミガメのヒレ（足）や尾は、船のオフナダマ様へ上げた。

ところが、三陸沿岸では、ウミガメを捕ることはなく、たとえ網などに入って船に上げてしまった場合でも必ず逃がしている。宮城県気仙沼市小々汐《こごしお》の尾形栄七翁（明治四一年生まれ）の話では、ウミガメを船に上げた場合には、カメの頭に赤い手ぬぐいを締めて、酒を呑ませてから逃がしたという。ウミガメは頬たぶを膨らませてゴクゴクと酒を呑むものだといい、そのために、気仙沼地方では、大酒呑みのことを「カメ」と呼んだ。

しかし、土佐のカツオ船が幸先の良いものとして積極的に捕っていたウミガメに代わるものが、三陸のカツオ船にあった。それが、マンボウであり、三重や土佐のカツオ船でも、ウミガメと同様に縁起物としている。

マンボウは、土佐でのウミガメと同様に、三陸のカツオ船が捕獲したときは、そのまん中のウチワビレを船のカシキ（炊事役）がオフナダマ様に上げる。身を抜き、外皮だけになったマンボウを海に投じるときも、カシキがご飯を一度かんだものをマンボウの口に供え、「マンボウさん、あと、大漁させらいんや」と声をかけて流すという。また、気仙沼市唐桑《からくわ》町鮪立《しびたち》のカツオ船では、ドウマリ（甲板の雑用係）が「トウ、エビス！」と言いながら、マンボウのヒレでタツを三回たたいたりしたという。

伊豆の田子《たご》（静岡県西伊豆町）では、カツオ船の各船主が信仰する稲荷様がそれぞれ、海の見える小高い場所に祀られており、お宮の扉の上にマンボウのムナビレが飾ってあったものだという。これは何万本もカツオが釣れるようにという願いからきているという（注2）。つまり、マンボウと「万本」との語呂合わせが、カツオ漁の縁起物として喜ばれたものらしい。

主に、三陸沿岸から三重のカツオ船ではマンボウが、三重から土佐にかけてはウミガメが大漁を呼ぶ生物としていたことがわかるが、その背景には、地域による食文化が影響していたと思われる。三重のカツオ船は、その中間地帯であり、両者共にていねいに扱っている。

漁師の目であるくこと

ある日、土佐で聞いた話に、カツオ船が三陸沖でウミガメを捕獲し、そのまま近くの魚市場に船を付けようとしたところ、カメが乗っていたために拒否されたそうである。

カツオ一本釣り船の漁師たちは、三陸・房総・伊豆・三重・土佐・宮崎などの、それぞれの故郷の港から出発して、他の港の習俗に出会い、その異質性や同質性を体験として、よく知っている。

それぞれの食文化をはじめとして、クジラとジンベエザメとの対比のように、海の生物に対する象徴的な位置づけも、列島の太平洋沿岸という広い地域の中で捉えている。自身が船出をした

久礼の遠景。山を背にした港の風景は，三陸沿岸と近似している（13.3.11）

故郷を外から捉えなおす力をもっている点では、たとえばオカに縛られ続けている郷土史家よりも、はるかに広く優れた視点を得ている。その漁師の目でもって太平洋沿岸をあるいてみること、それは、各地のカツオ一本釣りの漁師さんたちから私がいつのまにか教えてもらった方法の一つである。

そのような私にとって恩師に等しい漁師さんの一人が、本書でたびたび登場していただく、中土佐町久礼《くれ》のカツオ一本釣り船の元船頭の青井安良《やすよし》さん（昭和二一年生まれ）である。私が初めて久礼を訪ねたときは、未だ現役の船頭であったが、初対面は船を下りてからのことであった。その後、私の故郷である気仙沼で何度かお会いしたが、久礼へ通った回数の方が多いであろう。

久礼でカツオ船に乗った者は皆、口をそ

ろえて「気仙沼は第二の故郷やき」と言ってくれるが、私にとっても久礼は第二の故郷のような安らぎを感じている。この町も気仙沼と同様に、背後に山を背負った風景であり、特別な違和感は当初からなかった。四国が東北と同様に山国であることを知ったのも、この久礼からバスに乗り、四万十川の源流の一つである大野見村（現中土佐町）へと峠を越えた、初回の旅のときである。

そのとき、バスははるかに山なみを見渡せるほどの高度を越えていった。乗客は私一人、盆地に下りても乗るのは村人ばかり。乗客の届け物のために民家の前で臨時停車をしたり、キジが道路を横断し終えるまで、のろのろと走ったり、霜が溶け始めて陽炎が揺れる車窓に身を預けながら、南国の晩秋の山道は心地良かった。

そのような三陸沿岸と同様の沿岸や山道を通りながら、心はこの土地に惹かれていった。そして、「安《やっ》さん」こと、青井安良さんという一人の漁師さんの、カツオ漁に対する考え方にも少しずつ惹かれていったのである。私にとって久礼は、四国の遍路道の入口であり、到達点でもあった。

注1 『中土佐町の歴史』（中土佐町、一九八六年）二二六頁
2 静岡県教育委員会文化課編『伊豆における漁撈習俗調査Ⅰ』（静岡県文化財保存協会、一九八六年）一六五頁

目次

装幀　富山房企畫　滝口裕子

Ⅰ　久礼への旅

ヨシオサンの立つ浜

四度目の久礼へ

高知県立歴史民俗資料館では、二〇〇八年の四月から企画展「鰹─カツオと土佐人」が開催された。その図録に載せる「高知県のカツオ漁」について執筆の依頼があった。

ここ二年ばかりは、全国の追込み漁について集中的に調査をしていたので、高知県はどちらかといえばご無沙汰であった。いざ書き始めてみても、「カツオ漁」に対する勘のようなものも、なかなか戻らない。

そこで、高知県中土佐町の久礼で、旧暦の正月一四日に行なわれるヨシオサンの行事に合わせて、二年ぶりに高知県に足を踏み入れてみた。気にかけていたのは行事だけではない。久礼に住む、第十八順洋丸の元船頭（今は船主）、青井安良さん（昭和二一年生まれ）に対しても、一度は面識を得たいと思っていた。

青井さんは、『土佐のカツオ漁業史』の「現代のカツオ漁」の中で、長時間のインタビューを受けている（注1）。カツオ船の順洋丸の船頭として、勢いのあった時代を生き、話も非常に巧みである。

青井さんとの電話では、拙著の『カツオ漁』（法政大学出版局、二〇〇五）を見て、手元に置きたいという。「お土産に持っていきますよ」と伝え、久礼へ四度目の旅が始まった。

昔のヨシオサン

ヨシオサンは以前、夜の行事であり、「夜潮さん」がその語源である。夜中の干潮時に合わせて、青年団を中心とした若者たちが百人くらい、頭屋《とうや》（神役をする家）から木遣りを歌いながら行列を組んで浜へと向かう。

ヨシオサンとは、竹に多くのタンザクなどを吊るしたものだが、それは初めに頭屋に立てておいた。若者たちが竹の前に立ってお参りしたのち、これを浜へ運び、裸になってこれを海に立てた。

浜では若い女性たちが、古くなったエサカゴ（カツオの餌になるキビナゴを活かしておいた）やテンマ船を燃やしておき、海から上がってきた男たちを温める準備をする。ヨシオサンの日は、若い男女が知り合う絶好の機会でもあったわけである。

ところが、青井さんが青年団長になった昭和四〇年ごろから、東京などへの長期の出稼ぎが増え、青年団の加入者が減少していった。今では、カツオ船の船主や船頭などを中心として、昼間の干潮時に行なわれている。

中土佐町の隣の須崎市野見《のみ》では、今でも同様の行事を夜の干潮時に行なっており、「野見のシオバカリ」として、国の無形民俗文化財に指定されている。しかし、私はカツオ漁の町である久礼のヨシオサンの方に関心があった。

かつてのトーヤは、船主であった七〜八軒が一年交代で役割を回していた。その名残として、青年団が解体したのちにも、カツオ船の船主等が関わっていると思われたからである。

ヨシオサンを立てる

旧暦正月一四日の朝早く、私は旧久礼漁協の前の浜にいた。誰もいない浜にたたずんでいると、三人の男たちが、長い竹を一本、肩に担って近づいてきた。「もう来てたかい!」と元気に声をかけてくれたのが青井安良さんであった。どうやら青井さんは、このヨシオサンの行事を差配する中心メンバーであるらしい。

青井さんは携帯電話で、インドネシアからの研修生として順洋丸に乗り組んでいる若者たちが泊まっている宿へ電話して、浜に来るように伝えた。その宿は、私も青井さんの世話によって今夜一泊することになっていた。

インドネシアの若者と他の船主の家族など一〇人ほどが、竹にタンザクを吊るし始めた。扇や、ゴム風船も口で膨らまして飾り付けた。やがて干潮時が近づいた一〇時半ころ、波に洗われる浜砂に杭が打たれ、多彩な色のタンザクと風船で飾られた長い竹竿が浜に立てられた。

それに、コシオサンと呼ばれる短い竹が七本、これにもタンザクが付けられてヨシオサンの根元に結びつけられた。コシオサンは以前、船主たちが一本ずつ持ち寄ったものであった。昔はヨシオサンを運ぶときに木遣りを歌ったものだが、その詞章は「雨が降ろうとも波風立つな　可愛いあの娘が夜舟に来るよ」などというようなものであった。

ヨシオサンが無事に立てられると、竹に向かって、お神酒・洗い米・塩・魚（メヒカリ）などが上げられ、船主をはじめ参加者一人一人が頭を下げて拝んだ。「拝まないとだめだよ」と、青井さんの奥さんがインドネシアの若者にも呼びかけると、彼らもぎこちなく両手を合わせた。

このヨシオサンは倒れるまで立てておくという。沖へ倒れたら豊漁、オカへ倒れたら豊作と、ヨシオサンの倒れる方向によって、その年を占うという、全国的に小正月行事に付随する要素ももち合わせている行事である。野見のシオバカリのハカリにも、同様の意味が付与されている。

旧久礼漁協の前の浜に干潮時、ヨシオサンが立てられる（13.2.23）

「夏まで立っているときもあるき」と青井さんが語ったので、「それでは占いの意味がないではないですか」と言ったら、皆が笑った。そばにいた、久礼漁協の組合長、清岡稔男氏から、今日の四時から久礼八幡宮で、カツオ船の船主や船頭の家族たちによる「出漁祈願祭」が行なわれることを教えられたので、それも拝見することをお願

カツオ船の出漁祈願祭では、３隻の船名旗が折りたたまれて神前に上げられ、祓われた（08.2.20）

いしてみた。

出漁祈願祭の船名旗

久礼八幡宮では、定刻になると、カツオ船三隻の船主や船頭の家族、漁協組合長、中土佐町の町長など一七名が集まり、太夫（宮司）によって出漁祈願祭が始まった。カツオ船は現在、三月になると久礼から出港している。順洋丸も三月初旬、鹿児島港を水揚港として、南方へ向けて出港の予定である。

神前には、第十八順洋丸・第二十八鳳丸・第二十三健勝丸の三隻の船名旗が三枚、たたまれて上げられている。この船名旗も祓ってもらうことが肝要であった。

青井さんは、昭和三六（一九六一）年から五〇馬力のカツオ船、青井幸漁丸に乗るが、初めの仕事は乗組員のご飯を炊くカシキであった。初めてカツオ船に乗ったときは、足摺岬を回る付近で、顔に煤を塗られ、フラウ（船名旗）を体に巻いて、手にシャモジを持って踊りをさせられたという。船名旗がもつ信仰的な役割は、この例からも理解される。

出漁祈願祭の直会《なおらい》は、漁協を会場にして行なわれた。青井さんは今、船主であるが、餌買《えさかい》の仕事もした。酒をくみ交わし、船頭時代を思い出してもらいながら、いろいろと話がはずんだ。昔は「仙台行き」と言われた東日本のカツオ漁では、現在の水揚港として勝浦と気仙沼が主になっていること。以前、水揚げをしていた銚子・中ノ作・石巻などは、カツオの巻網《まきあみ》船が主になったために入港することはなくなったことなど、巻網との競合も話題になった。

カツオのタタキが、インドネシアのパプアから輸入されてくるというグローバル化の時代である。船の機械設備が六割、テクニックが四割の現状でもある。しかし、「一本釣りは、魚に優しい捕り方やき」と言った、青井元船頭の言葉が心に刻まれた。旅の疲れが重なって酩酊してしまったこともあり、青井さんも酔うほどに土佐の言葉が多くなり、しまいには半分しか理解できなくなったが、ある種、幸福な時間が流れたにちがいない。

はたして、これで「カツオ漁」を執筆する勘を取り戻したかどうかは、いまだにわからない。

注1　『土佐のカツオ漁業史』（高知県中土佐町、二〇〇一年）四四一～五〇〇頁。なお、インタビューは平成一一（一九九九）年三月五～六日、聞き手は林勇作によって行なわれている。

祈りの浜の火祭り

久礼八幡宮大祭

稲刈りが始まった高知県では、例年この時期に田の畔に咲く、赤いマンジュシャゲがまだ咲かないという。今年（二〇一〇）の猛暑のせいだが、久礼八幡宮の大祭中も暑さがぶり返し、毎日、高知屋のカツオ節だしのトコロテンと、大正町市場前の「西村」でカキ氷を欠かさず食べていた。

高知県中土佐町久礼のカツオ一本釣り船、順洋丸船主の青井安良さんは、仕事で気仙沼に来るたびに、いつも私に電話をかけて酒席に誘ってくれる。今年もカツオ漁の話で盛り上がった後、久礼八幡宮の大祭の話に及んだ。

九十年代後半にＮＨＫ教育放送の「ふるさとの伝承」のシリーズでは、記録すべき伝承文化を放映していたが、「カツオ漁師と妻たち―中土佐町・祈りの浜」（一九九六）という題で久礼も取り上げられている。その中では、船頭時代の青井さんが登場しているが、八幡宮の大祭も映されていた。一度は実際に拝見したいと思っていた祭りだけに、その場で簡単に行く約束をしてしまった。カツオ一本釣り漁の町でどのような祭りが行なわれているか、それだけでも関心があったからである。

大松明が行く

久礼八幡宮の大祭は、旧暦の八月一三日から一五日までが主要な祭日である。若いころから、この時期にはカツオ船に乗って故郷を離れていた青井さんは、オカに上がってから近年は神社の総代になり、この祭りに大きく関わっている。ただ、祭りの始まりから見るのは初めてらしく、私も青井さんに頼りながら同行をしてもらった。

この祭りは基本的に火祭りである。祭りの頭屋になる資格は、「奉堂《ほうどう》さん」と呼ばれる聖地を所有している家であり、農家が多い。頭屋と八幡宮の宮司に挨拶をしてから、田の中に立つ奉堂さんを見にいった。初盆の燈籠のような長い奉堂竹が立っており、先端にホデ（幣）が付いていることから、神が降臨する依代《よりしろ》であることが知られた。

この場所からほど近い空き地では、朝から村の男たちが総出で大松明《おおたいまつ》を作っていた。この松明は午前〇時を回ったころに点火され、頭屋を先頭に行列を組み、最後は頭屋組の若者たちを中心に大松明を担ぎ、久礼の八幡宮まで向かうわけである。

この行列では「御神穀《おみこく》」と呼ばれるものも担がれるが、餅のほかに麹《こうじ》一升と米三合も載せて運ぶ。この米と麹は、松明が拝殿の中に入ったときに、その明かりのもとで、佾《いつ》（神楽を舞う少女）の手によって混ぜられ「一夜酒」と呼ばれるものを作る。この祭りのことを久礼では「御神穀さん」とも呼んでいる理由である。

久礼の造り酒屋の前を通る大松明。深夜に神を神社まで迎えるという意味がある（10.9.21）

今年は午前一時半に出発、川の土手沿いに下りて国道を横断、町中を練り歩いて、浜に着いたのが午前三時前であった。人ごみの中、青井さんとはぐれるたびに、双方から携帯電話で位置を確認しながらの、行列の同行であった。

大松明は八幡宮の拝殿の中まで入るために、大き過ぎても、燃え尽きてしまっても都合が悪く、道中も中途で休んだり、あるいは少し水をかけたりして調整を繰り返した。最後は浜で休んで、燃え具合を見てから、拝殿へ突入するわけである。

行列には各町内から若者たちによる太鼓が出て打たれるが、以前はそれらがもみ合うこともした。この太鼓も大勢の組が出て、寝ていても胸にドシンドシンと響いて、眠ることができなかったという。

午前四時近くになってから、数人で運ばれるようになった大松明が拝殿に入ると、すぐにUターンをして、「元の川」へ行って水を汲んでくる。そのあいだに、御神穀から麹と米が取り出されて桶に入れ、大松明と共に戻ってきた水を入れて、佾《いつ》が一夜酒を造り始めた。

その後、松明は拝殿から境内に投げ出され、参詣の人々は燃えのこりを奪い合った。この黒く炭になった燃えのこりは家に持ち帰って神棚などに上げ、一年内にお腹を病んだときなど、湯水に少し削って呑むと治ると言われている。以前は浜の者たちの奪い合いは必死で、火の付いたまま藪の中まで持っていって争ったものだという。

前記の「ふるさとの伝承」の解説によると、この燃えのこりと八幡宮のお札を、カツオ船にも送ったものだという。沖で海坊主に遭ったときに、この燃えのこりに火を付けると助かるともいう。その日の朝からは、この燃えのこりを三本くらいに束ね、「久礼八幡宮御頭松明」という熨斗《のし》紙でくるみ、拝殿近くで、一束五〇〇円で売っていた。

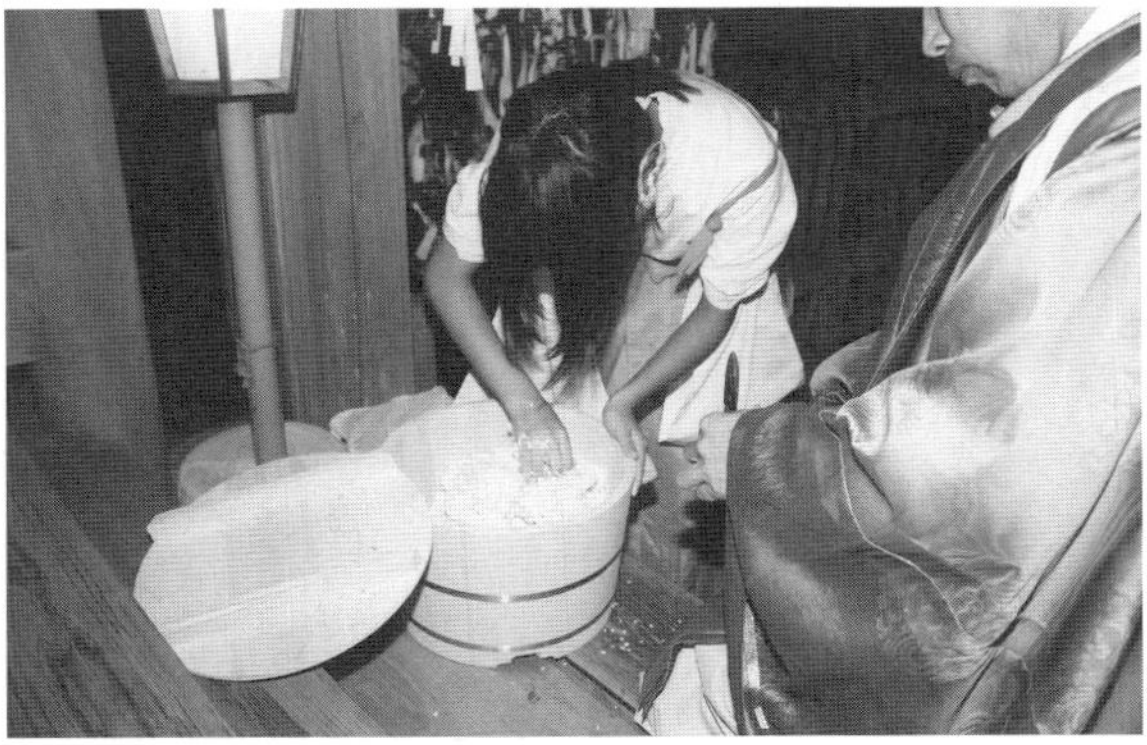

侑が大松明の光の下で一夜酒を造る（10.9.21）

オナバレと棒ねり

深夜からの行列には、お田植姿のお年寄りが一人登場しているが、この役を「田植婆さん」と呼び、その日の午後に「お田植式」の神事が境内で行なわれた。神事には「田植婆さん」が三人出るが、頭屋のほかに

久礼の浦の若者たちが神輿の浜下りの先導をする棒ねり踊り。艪八丁、櫂三丁を動かす身振りを行なう（10.9.22）

昨年の「田植婆さん」と神社側から出る女性の三人による、田植の真似事をする模擬儀礼である。このときに後ろ向きに動いていく「田植婆さん」に付いて田植唄を歌うのは、八幡宮の宮司と中土佐町の町長の二人である。豊作祈願に関わる者として、以前から町長の出番があったという。

翌日はいよいよ神輿が浜へ下りる御神幸であり、これをオナバレと呼ぶ。オナバレは、「お浜出」に由来する言葉であるという。この浜下り神事の先頭を切るのが天狗面の二人であり、その後、浦の若者たちによる棒ねりが続く。「浦」と呼ばれる漁師町の者が祭りに関わるのは、このときである。

久礼八幡宮の縁起は、口頭伝承としてさまざまに語り伝えられているが、海から流されてきた祠を漁師が拾って祀ったのが始まりとされていることが共通している。これは、お神輿を先導するのが、浦の者でなければならなかった理由でもある。棒ねり踊りは艪《ろ》八丁と櫂《かい》三丁の仕草を意味するといわれるが、この鎮座伝承と関わるものと思われる。「八丁艪」は、和船時代の廻船やカツオ船など大型の沖船の代名詞にも近い言葉である。

神輿が目の前の浜に鎮座すると、参拝客がどっと集まって、拝礼を繰り返した。浜で神事を行なってから間もなく、すぐに八幡宮へ帰還する。安着後にざわめいている境内で、青井さんとは、拝殿への渡り廊下を挟んでの別れの会話となった。

青井さんは明日、気仙沼へ向かうという。私はもう少しだけ四国にいて、漁協のお遍路を続けたかった。猛暑の中の祭礼三日間、それでも二日目の夜には、久礼の目の前の海で打ち上げ花火があった。旧暦八月一四日の、満月に近い白い月が、花火に何度も隠されるのを見ながら、私は今年の暑い夏がようやく終わるのを感じていた。

ホトケを海で迎える

カツオ一本釣りの基地へ

東日本大震災の後、私の携帯電話が、ある箇所にかぎって通じ始めたのは、震災から六日目のことだった。留守番電話には、全国の友人たちと共に、多くの漁師さんたちが心配している声を入れて下さっていた。

「心配しております。連絡ください」という同じメッセージを七回も入れていたのが、高知県中土佐町久礼のカツオ一本釣り船の元船頭の青井安良さんであった。私が出会った全国の漁師さんからは、その後に物心両面にわたって支えていただいたが、元気な顔を見せるのも御礼と考え、青井さんの家の盆礼に行くことになった。

この久礼では初盆の家や漁師さんの家では旧暦で行事が行なわれるが、今年は新暦の盆と微妙に重なっていた。久礼では盆前に墓参りに行き、盆中には墓に行くことはない。オホトケを迎えに行くのは、目の前の浜であり、送るときも同様である。とりあえず、その浜まで来てぶらぶらしていると、青井さんから電話が入った。

久礼の港の防潮堤の上に、夕方になると人が集まっている箇所があるが、青井さんはそこから体を伸ばして、私が浜から戻ってくるのを見ていた。「どんな顔をして会ったらいいのか、わからなかった」と後で語ってくれた青井さんは、カツオ船の船主として、毎年、気仙沼に来るたびに、私を酒席に誘ってくれている人である。

若いころから気仙沼と親交があった、カツオ一本釣りの漁師さんたちは、今回の震災で少なからず衝撃を受けている。彼らの思い出の地でもある三陸沿岸の港は、いっさい大津波で流されてしまったからである。

初盆の家では、家の入口に灯明も上げる（11.8.12）

久礼の盆行事

久礼の港に近い、青井さんの本家には、その玄関に新盆の棚が作られてあった。今年、青井さんの義母でもある本家のおばあさんが初盆であった。この棚を作ることをタナツリと呼び、旧暦の七月一二日に作り、盆礼に来た客は玄関で拝んでいた。

一三日は浜まで新ホトケを迎えに行き、翌日に同じところに送りに行く。その同じ一四日には古オホトケを迎えに行き、翌々日の一六日に送りに行く。軒下で燃やすタイマツも迎え火や送り火の意味があるが、新ホトケの場合は一三～一五日のあいだ毎晩燃やし、古

久礼では盆中は墓参りをしないで、浜辺でオホトケを迎え、同様のことを行なって送り出す（11.8.13）

ホトケの場合は一四～一六日まで燃やすというから、これも一日ずれている。

古ホトケの場合も、仏壇の前に竹笹を二本立て、その竹を紐でつないで、その紐に柿の葉とヒノキの葉を付ける。これは一四～一五日のあいだ立てておくが、これらの竹のことを「オホトケさんの足」と言っている。

その日は旧暦の一三日だったので、夕方になってから、青井さんの家族や親族たちと、新ホトケを迎えにいった。すでに浜には各家の者たちが来て、浜の石を拾い、思い思いのところに小さな墓のようなものを作っていた。墓に当たる石を立て、台座に当たる石を並んで置き、その回りも小石で囲む場合がある。

それから竹筒を臨時の墓の左右に二本立て、そこにシキビをさす。次にタイマツを燃やし、墓の前に菓子と線香を上げて拝むわけである。他の家の様子も見ていると、米をまいている人もいた。「いつも仏壇にいるはずなのに、オホトケは一晩か二晩しか泊まらないからね」と言って笑っていた人もいた。

なぜ盆中は墓参りをせずに、ホトケは海から迎えてくるのだろうか。震災後の今年の夏、この久礼で、特別な思いで海での供養のことを考えてみたかった理由はそこにあった。

「地震があったらカアカア」

久礼の浜で新ホトケを迎えた夜、青井さんの本家では、親戚や知人を招いて寄合が開かれた。大きな皿に、土佐名物の皿鉢《さわち》料理も出された。魚と共にヨウカンも皿の上に載っているハレの日の料理である。

その席上で、坂山一夫さん（昭和八年生まれ）から、昭和二一（一九四六）年一二月二一日の南海地震のことを聞かされた。昭和一九年の東南海地震から二年後のことである。この地震とその後の津波で、高知県だけで死者・行方不明者を含めると六七九人であった。中村市（現四万十市）では地震による火災で町の八割が焼失している。

久礼では「地震があったらカアカア」と言って、地震が来たらカア（川）を見ろという言い伝えがあったという。川の水が引いているときは津波が確実にやってくるからである。

席上の話題には、今年のカツオ漁の話も出た。高知県のカツオ一本釣り船は、三陸沖の漁期が始まったころ、なかなか港へは入られなかった。氷を買占めしている巻網船があったからだという。思えば、気仙沼を外側から捉える大切さを教えてくれたのは、このような漁師さんたちであった。

震災を経ても、こうして酒を酌み交わしながら、気仙沼のことを何とかしようと思う漁師たちが全国に多数いることは心強い。

外へ出ると満月に近い月がいつのまにか大きく動いたのがわかったが、新盆の夜は早くも更けていったのである。

陽が沈むころ、久礼の町並みでは、子どもたちがタイマツを越える「ホウカイ」という声が聞こえていた（11.8.13）

海と人との関わり

翌日の夕方には「ホウカイ」と呼ばれる行事も見た。子どもたちが、軒並に燃やされたタイマツ（盆火）を「ホウカイ」と言いながら、跳び越える行事である。青井家に来ていた、ある年配の女性は、「ホウカイ、ホウカイ、どこがカイ（かゆい）。おしりがカイ」と、おどけた文句があったことを、笑いながら教えてくれた。その日（旧暦七月一四日）も、夕方に限らず、朝も昼下がりも、浜では新ホトケを迎えたり、古ホトケを送ったりしている光景に出合った。

私は二〇〇四年の大晦日に、三重県の志摩半島の甲賀という漁村の浜辺で、個々の家の者が松飾りを立てて拝むのを見ている。ホトケか神かの違いだけで、海からそれらの目に見えない超自

三重県志摩市の甲賀の浜で見た門松。
浜から正月の神様を迎えてくる
(04.12.31)

然的な存在を迎えることは共通している。

海と人間との関わりは一様ではない。単に「漁労」や「水産」、「資源」などの経済的な関わりだけではない。この関わりを誰もが制止することはできないし、無視した論法もあり得ないだろう。

Ⅱ

絵馬に描かれたカツオ漁

矢井賀の漁労絵馬

高知県中土佐町矢井賀の堂社に祀られている、カツオ一本釣り漁を描いた絵馬を調べたことがあった（次頁の表）。松尾神社に八枚、大神宮に四枚、観音堂に五枚が、三パターンくらいの同型で描かれている。他の絵馬は、大神宮のカツオの巻網漁一枚のほか、ブリの大敷網が数多く描かれている。

型は大きく三つに分かれている。カツオ船の大きさによって順に分類すると、描かれている乗組員が四名あるいは六名の、中央に生き餌を捕るハリダマが描かれている絵馬（A）、次に、乗組員数が一四～一六名で、Aの絵馬の図案に加えてカツオ船の舳先と船尾に、半裸の漁師がカツオを釣り上げている様子が大きく描かれ、あるいは餌を撒くカシキなどが描かれている絵馬（B）、さらにBの図案に加えて舳先でイワシクジラが立ち上がっている姿を点じた、「クジラ付き」の大漁の様子を描いた絵馬（C）、これは絵馬自体が横に長い大型のものである。他に、二人が乗船している様子を描いた、どの図案にも該当しない絵馬が一枚見受けられる（D）。

『中土佐の絵馬』（二〇〇五）によると、中土佐町小矢井賀の熊野神社にもA型の絵馬が二枚、B型の絵馬が三枚奉納され、久礼の住吉神社にもB型の絵馬が一枚奉納されている。とくに、熊野神社の明治三四（一九〇一）年の絵馬には、船底の下にイワシクジラが描かれている（注1）。表から読み取れるように、これらの画題の型と時代的な変遷とは無関係であり、相互に図案を利

矢井賀の堂社におけるカツオ一本釣り漁の絵馬一覧表

① 松尾神社

型	乗組人数	奉納年月日	西暦	奉納者	寸法(タテ×ヨコ)
A	6人	明治参拾五歳寅旧八月吉日	1902	當浦田處馬次郎舩	39×42
C	16人	明治三十七年旧九月	1904	戸田常八舩 当浦若聯中 世話人(6名)	62×197
A	6人	明治四十壱年申正月吉日	1908	佐竹鹿太郎船	39×46.5
B	14人	明治四拾参年　月吉祥日	1910	(不記入)	46×67
A	3人	大正元年九月十二日	1912	山野上周吉舩	32×24
A	6人	(不明)		戸田丈次舩	43×49.5
B	14人	(不記入)		當浦戸田喜代蔵船	38×45.5
B	14人	(不明)		(不明)	38×53

② 大神宮

型	乗組人数	奉納年月日	西暦	奉納者	寸法(タテ×ヨコ)
C	17人	明治廿七年旧九月吉辰	1894	當浦若連中　戸田常松舩 世話人（6名）	61×196
C	16人	明治参拾六歳卯正月吉日	1903	當浦大工 戸田亀四郎	57×197
B	15人	明治参拾六歳正月吉日	1903	戸田又次舩	35.5×43
B	16人	明治四拾年	1907	當浦戸田竹之助舩 乗組員（3名）	45.5×66.5

③ 観音堂

型	乗組人数	奉納年月日	西暦	奉納者	寸法(タテ×ヨコ)
B	17人	明治十八年酉正月吉辰	1885	當浦若聯中	36×53
A	4人	明治参拾六歳卯九月吉日	1903	坂井卯之助舩	29×48.5
A	6人	明治四十壱年申正月吉日	1908	佐竹鹿太郎舩	31.5×46
B	15人	明治四拾参年　月吉祥日	1910	戸田清次舟	41.5×65
D	2人	昭和十二年一月廿日	1937	戸田亀四郎	20×39

(松尾神社と大神宮は1997年11月24日に、観音堂は1998年1月2日に調査)

「イワシクジラの立てり喰い」を描いた絵馬〈C〉
（中土佐町矢井賀の松尾神社、明治37［1904］年）

用し合ってきたように思われる。

これらの絵馬の中で、とくに大神宮に奉納されている絵の枠には「大漁真景の図」という文字が記されていることから、パターン化された絵とはいっても、「真景」、すなわち「実景」に近いものである。つまり、これらの絵馬から、現代のカツオ一本釣り漁の民俗にも通じるような表現を読み取ることが可能なことをそれは示している。

イワシクジラの立てり喰い

たとえば、これらの絵馬は、帆を下ろした帆柱を立てたままに描かれているが、高知県の室戸では帆船時代、「鰹大量の印は水押菰巻、立柱と云い、柱を倒せぬ程魚を積んでいるのでその儘帰ってくる」（注2）と言われていた。同じことは、三陸地方では、タテフネと言われ、甲板がカツオでいっぱいで帆柱を倒せないほどの大漁の状況を象徴的に示す言葉として伝えられている（注3）。

また、『中土佐の絵馬』では、C型の絵馬を平成一二（二〇〇〇）年四月に「古老」に見せたときの談話を載せ、「イワシクジラの立てり喰い」という言葉を記録している（注4）。イワシのエドコをクジラが立ち上がるように口を開けて食べようとしている様子のことを指している。

カツオは天敵であるカジキマグロから逃れるために、クジラの腹の下に群れをなすことがある。このナブラ（魚の群れ）に出会うために、カツオ一本釣り船は、現在でもクジラを探すことが多く、見つけたクジラに向かって船を全速力で走らせる。高知湾内では、主にニタリクジラが生息している。

一方で、クジラに付いたカツオは、イワシを追って固めることがあり、これをエドコ（餌床・fishball）と呼び、クジラはこのエドコを、口を開けて一飲みにしたほうがイワシを食べやすい。カツオもまた、クジラが口を閉じたあとに逃げまどうイワシのほうが食べやすいという。この一種のクジラとカツオの共生に乗じて、カツオ一本釣り漁を効果的に操業するわけだが、人間もまた、これらの海洋生物とともに共生関係にあることに変わりない。

たとえば、鵜来島《うぐるしま》では、このクジラに付いているカツオのナブラのことをクジラゴと呼んでいる。イワシのエドコを網ですくうときに、クジラの食餌とかち合うことがあるが、そのときはクジラと交替にイワシをすくった。それが漁師の作法というものであり、たとえイワシをすくいそこなっても、次にはクジラに譲ったものだという（注5）。

この絵馬にはクジラの上に鳥も描かれているが、カツオ一本釣り船は、この鳥の様子も目印にしてナブラを探す。この鳥のことをマトリ（オオミズナギドリ）、あるいは、カツオとともに春を知らせるのでナブラドリとも言われるという（注6）。

ヘオモのカジ釣りとカシキが描かれた絵馬〈B〉
（中土佐町矢井賀の観音堂、明治18［1885］年）

ヘオモのカジ釣りとカシキ

カツオを釣る人間の方を見ておこう。B型やC型の絵馬に描かれている半裸の漁師は「ヘオモのカジ釣り」と呼ばれるという。ヘノリ（舳乗り）と呼ばれる、船一番の釣り手を終えた漁師（ヘノリアガリ）が担当する。「右側で釣るので釣った鰹をさっと脇にかかえれんので、一度ひゅーと引き回しをせんといかんので、むずかしくて技術がいる」（注7）という。ナブラを追わずに瀬釣りが多かった静岡県のカツオ船を除くと、全国的にカツオ一本釣り漁は左舷釣りであった。その理由は、前進して動いているカツオ船と大きく関わりがあったことがわかる。

ヘノリアガリと共に目立って描かれているのがカシキの姿である。船に初めて乗った少年が受けもつ飯炊きの仕事のことを指すが、操業中は、これらの絵馬に描かれているように、ハリダマから餌イワシをすくい、それをナブラの上に撒いたり、釣り手に餌を運ぶ役割もあった。ほとんどが、赤い褌だけを付けた素っ裸の姿である。

桜田勝徳は「土佐漁村民俗雑記」（一九三六）の中で、室戸の事例として、この赤い褌のことについて、次のように触れている。

「室戸町では褌のかき初めとて、男の子十三歳の年に母の里から紅木綿の褌にジャコ若しくは鰯をつけてくれるのを、始めてしめる。此時若衆が曳き初めだと言うて、褌の端を曳張って苦しめたという。この赤褌は十五歳までしめ、十六歳から白褌をしめる様に成る。漁舟の炊事役を勤めるのは多く赤褌の時で、白褌になると鰹釣船ならば水替の役になった」(注8)

水替とは、エサイワシを活かしておくカンコ(活魚槽)の水を替える役であった。これらのB型やC型の絵馬は、小さなカツオ一本釣り船を描いたA型やD型の絵馬と共に、カツオ漁の民俗を知るに一級の資料である。

乗組員が4名の絵馬〈A〉(中土佐町矢井賀の観音堂、明治36[1903]年)

乗組員が2名の絵馬〈D〉(中土佐町矢井賀の観音堂、昭和12[1937]年)

魚祈祷と大漁祝い

矢井賀の絵馬の奉納月日を一覧

すると一定していることがわかる（表参照）。それは、正月と九月に大きく分かれることである。奉納時期の理由として考えられることは、正月の予祝と、九月の漁期の切り上げ祝いのときである。とくに、大漁をした年などは、その大漁をした状況を、定型化された図案を通して絵馬に描き、奉納したものと思われる。

沖縄の慶良間諸島や鹿児島県の枕崎や坊津でも、大漁祝いは漁期を終えてから、あるいは終了期に行なわれるが、これらの地方では、大漁時の再現をカツオの模型を用いて、それぞれの浜近くで行なった。沖縄の座間味島ではこの行事を「マンゴシ祝い」、坊津では「アカネ祝い」、そして枕崎ではこれを「供養釣り」と呼んでいる。大漁時を再現することが供養でもあったわけである（注9）。

中土佐町でも「特別な大漁があったときには魚供養をして、大漁祝いをすることもあった」（注10）という。つまり、九月の漁期終了時に大漁祝いとして堂社に絵馬を奉納することも、一種の供養に通じることでもあった。

高知県ではカツオ一本釣りの大漁の真似をするという行事が稀薄であるが、一方で東北の三陸沿岸では、小正月の子どもたちによる行事として残されている。しかも、この地方では大漁時のオカにおける行事の再現であるが、その年の大漁を招こうとする予祝行事である。矢井賀の絵馬に、正月に奉納した例が多いのも、この予祝に関わるものと思われる。前年に大漁をしたゆえに、今年も大漁を願ったものと考えられるが、大漁祝いが同時に供養でもあり、予祝行事でもあったことが理解される。しかも、高知県ではある時期、大漁を表現した絵馬を奉納するという方法で、それらを行なっていたわけであった。

そのカツオなどの魚の供養と「漁招き」を兼ねて踊ったのが、室戸市のシットロト踊りである。カツオ漁の「夏枯れ」の季節、同じ漁船がカツオ一本釣り漁からマグロ延縄漁へと切り替える時期にそれは行なわれた。旧暦六月一〇日の恵比寿神社の祭典日である。

しかも、このシットロト踊りは魚だけでなく、同時に人間も供養する。現在でも、踊り手の先輩が前年に亡くなっている場合には、その遺影を持って踊っている。前述したように、漁労を通して、カツオや他の海洋生物と人間が共生関係を結んでいると捉えられており、それらの供養も人間を含めて同時に行なわれたわけである。

土佐の漁招き

このシットロト踊りは、以前は踊り手の男たちは、皆、女性のユカタを借りて踊ったものだという（注11）。静岡県西伊豆町田子《たご》も以前はカツオ船の基地であったが、ここの港祭りでは、今でも山車の上で女性のユカタを着て踊る青年がいる。

土佐の「漁招き」の主体も女性であったようで、不漁が続くと、船頭の女房などがとくに臼碆《うすばえ》の竜宮様（土佐清水市）へ参詣したという。そして、沖へ向け、裾をまくって見せ、「漁をしたときは全部見せます」などと語ったものだという。この臼碆の沖は潮の集まるところで、カツオ

ウミガメが描かれた絵馬（中土佐町矢井賀の松尾神社、98.1.2）

漁の漁場としても著名であった。
矢井賀の奉納絵馬のほとんどが、左端に岩壁と昇る太陽とを描いているが、これは臼碆を描いているとも言われている。
矢井賀の松尾神社にはウミガメの絵馬（一二×一八センチ）が見られるが、このウミガメ（アカウミガメ）も漁を招くと言って、土佐のカツオ船では沖で見かけると好んで捕った。船に上げると、カシキはカメの左手のシデ（水カキ）の先を最初に切断して、これをシラゲイ（米）の入った枡で受け、「ヤット！エビス」と語って、船のフナダマさんに上げたという（注12）。

中土佐町久礼のカツオ船第十八順洋丸の元船頭である青井安良さんはカシキのときに、土佐の漁師がなぜカメを捕るかという話を聞いている。昔、弘法大師が、足摺岬から海を越えて日向へ渡ろうとしたときにカメの背中に乗っていった。ところが、カメはあきてしまって弘法大師を背中から振り落としてしまった。そのときに、大師が「捕って噛め（カメ）！」と言ったために、土佐の漁師はカメを捕るという（注13）。

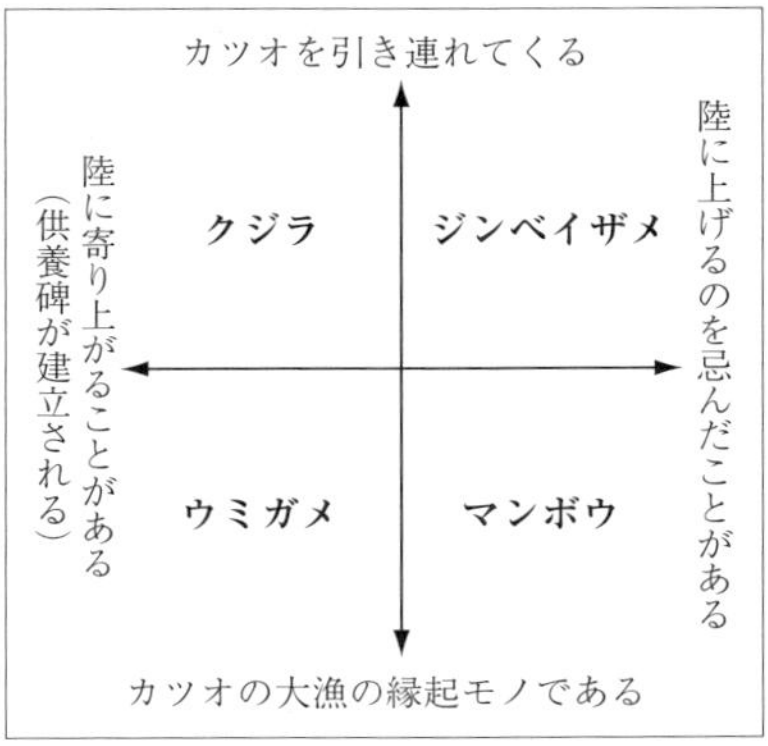

カツオ漁から捉えられた海洋生物
（川島秀一「海からの贈物」・注14）

室戸では「カメを解体して料理を作らなければ一人前の漁師ではない」と言われ、その首を切るときは頭に桶をかぶせ、米を上げてから「大漁させて下さい！」と言って、首を落としたという。

カツオを引き連れてきて大漁を実際に約束させるクジラやジンベエザメ、また、カツオの大漁の縁起物であるウミガメやマンボウなど、それぞれの海洋生物とカツオ漁との関わりを図式化してみた。土佐沖の海域ではどちらかというとクジラやウミガメに関わる伝承が濃厚になり、三陸沖の海域ではジンベエザメやマンボウに関わる伝承が多いように思われる。

中土佐町では「カメがかかったときには頭をエビスさまの前とか浜、庭の隅などへ埋めてお神酒を掛けて」祀るという（注15）。矢井賀の松尾神社に奉納されたカメの絵馬も、実際にカメを捕獲した後に、カツオの大漁に恵まれたことを示しているのかもしれない。そして、それはカメに対する一種の供養でもあり、同時に再度の大漁を願った記念碑でもあったと思われる。

注1　林勇作編『中土佐の絵馬』（中土佐町教育委員会、二〇〇五年）三七頁
2　桜田勝徳「土佐漁村民俗雑記」『桜田勝徳著作集』第一巻漁村民俗誌（未来社、一九八〇

年、初版は『アチックミューゼムノート』第一〇巻［一九三六年］）三〇一頁。なお、松田睦彦「絵馬を読む―和船時代の土佐カツオ一本釣り漁をめぐって―」『国立歴史民俗博物館研究報告』第一八一集自然と技の生活誌（国立歴史民俗博物館、二〇一四年）一二四頁にも言及されている。

3 二〇一四年四月一八日、岩手県大船渡市三陸町崎浜の中島久吉さん（昭和八年生まれ）より聞書。

4 注1と同じ。五頁

5 二〇〇二年九月一八日、鵜来島の出口和さん（大正五年生まれ）より聞書。

6 注4と同じ。

7 注4と同じ。

8 注2と同じ。二七九頁

9 川島秀一『カツオ漁』（法政大学出版局、二〇〇五年）二六二～二六五頁

10 『中土佐町の歴史』（中土佐町、一九八六年）九九四頁

11 二〇〇三年七月九日、室戸市奈良師の松本房美さん（昭和三年生まれ）より聞書。

12 二〇〇二年九月一七日、土佐清水市の植杉豊さん（昭和一四年生まれ）より聞書。

13 二〇〇八年二月二〇日、中土佐町久礼の青井安良さん（昭和二一年生まれ）より聞書。

14 京都造形芸術大学編『地域学への招待』（角川学芸出版、二〇〇五年）二〇〇頁

15 注10と同じ。

III

安さんのカツオ漁

―昭和のカツオ漁民俗誌

安さんの乗船暦

青井安良《やすよし》さん（以下、久礼での愛称である「安《やっ》さん」と表記する）は、昭和二一（一九四六）年二月四日の立春の日に、高知県中土佐町久礼《くれ》で、父吾之助《ごのすけ》（通称、吾郎と呼ばれていた）、母兼《かね》のあいだの、五人兄弟のうち、弟三人と妹一人の長男として生まれている。名前の「安良」は、父方松本家の祖父の安吉と母方青井家の祖父の良吉の、二人の祖父の名前の半分ずつをいただいたという。

安さんが初めてカツオ一本釣り船に乗ったのは、中学校を卒業したばかりの昭和三六（一九六一）年である。一九トンほどの木造船で、直流二四ボルトの焼玉エンジンの青井幸漁《こうりょう》丸（本家の青井家の船）であった。最初に乗船したときの身長は一六〇センチ、体重は四五キロであったことを覚えているという。

次の表は「船員手帳」と中土佐町水産課所蔵の資料や、安さんからの聞き書きから作成した乗船暦である。「船員手帳」をいただいたのは、一七歳のときに、高知県室戸市室津の第一加寿《かず》丸に乗船してからである。その後の第三幸漁丸は静岡県の伊東の忠四郎丸を買い取り、第五幸漁丸は和歌山県から船を買って、本家の青井家で経営していた。忠四郎丸は一〇月から正月まではムロアジのボーケ網船であり、安さんも若いころにこの船に通っていた。次のカツオ船からは、船

青井安良船頭の乗船歴　（「船員手帳」等により作成）

年	年齢	職務名	船名	船主の住所・氏名	船材	主機	トン数	漁期	出港地～帰港地	備考	水揚トン数
昭和36(1961)	15	カシキ	青井幸漁丸	久礼・青井順一	木船	焼玉	19～20	終年	久礼～久礼	夏期はカツオ、冬期はメジカ	
37(1962)	16	中回り	〃	〃	〃	〃	〃	終年	〃		
38(1963)	17	機関員	第一加寿丸	室津・徳永魁	木船	ディーゼル	39.99	4/18～10/7	土佐清水～土佐清水		
39(1964)	18	〃	第三幸漁丸	久礼・青井順一	木船	ディーゼル	32.08	3/9～10/30	須崎～須崎		
40(1965)	19	〃	〃	〃	〃	〃	〃	3/13～9/29			
41(1966)	20	〃	第五幸漁丸	久礼・青井順一	木船	ディーゼル	39.53	3/5～9/29	〃	勝浦港へ水揚開始	
42(1967)	21	船長・通信士	〃	〃	〃	〃	〃	3/2～9/25	〃	東北出漁。盆過ぎに鹿児島	
43(1968)	22	〃	〃	〃	〃	〃	〃	3/4～9/28	〃		
44(1969)	23	〃	〃	〃	〃	〃	〃	3/1～9/29	〃		
45(1970)	24	通信士	〃	〃	〃	〃	〃	3/2～9/28	〃		
46(1971)	25	〃	第六順洋丸	久礼・青井順一	木船	ディーゼル	59.17	3/6～10/30	〃		
47(1972)	26	〃	〃	〃	〃	〃	〃	3/3～10/26	〃		
48(1973)	27	漁労長	〃	〃	〃	〃	〃	3/2～10/29	〃		
49(1974)	28	〃	〃	〃	〃	〃	〃	3/2～2/19	久礼～久礼		
50(1975)	29	〃	〃	〃	〃	〃	〃	3/3～10/28	〃		
51(1976)	30	〃	〃	〃	〃	〃	〃	3/1～10/30	〃		
〃	〃	〃	〃	〃	〃	〃	〃	12/13～12/19	久礼～平良		
52(1977)	31	漁労長(衛生担当者)	第十一順洋丸	久礼・青井順一	ＦＲＰ	ディーゼル	59.5	2/12～11/28	久礼～久礼	コック長、冷凍機が入る	
53(1978)	32	〃	〃	〃	〃	〃	〃	3/1～10/31	〃	気仙沼港へ水揚開始	
54(1979)	33	〃	〃	〃	〃	〃	〃	3/1～11/20	〃		
55(1980)	34	漁労長	〃	〃	〃	〃	〃	3/1～11/29	〃		
56(1981)	35	〃	第十八順洋丸	久礼・青井順一	ＦＲＰ	ディーゼル	59.92	3/9～10/30	久礼～那珂湊		
57(1982)	36	〃	〃	久礼・青井秀吉	〃	〃	〃	2/7～11/25	久礼～久礼		
58(1983)	37	〃	〃	〃	〃	〃	〃	3/1～11/25	〃		
59(1984)	38	〃	〃	〃	〃	〃	〃	2/1～11/29	〃		
60(1985)	39	〃	〃	〃	〃	〃	〃	3/2～10/30	〃		
61(1986)	40	通信士(衛生担当者)	〃	〃	〃	〃	〃	3/1～11/29	〃		
62(1987)	41	漁労長(衛生担当者)	〃	〃	〃	〃	〃	3/3～11/28	〃		
63(1988)	42	〃	〃	〃	〃	〃	〃	3/2～11/29	〃		
平成 1(1989)	43	〃	〃	〃	〃	〃	〃	3/2～11/29	〃		
2(1990)	44	〃	〃	〃	〃	〃	〃	3/6～11/26	〃		
3(1991)	45	漁労長	〃	〃	〃	〃	〃	3/5～11/29	〃		
4(1992)	46	漁労長(当直部員)	〃	〃	〃	〃	〃	3/7～11/29	〃		467
5(1993)	47	〃	〃	〃	〃	〃	〃	3/2～12/20	〃		695
6(1994)	48	〃	〃	〃	〃	〃	〃	3/4～12/25	〃		451
7(1995)	49	〃	〃	〃	〃	〃	〃	3/1～11/29	〃		548
8(1996)	50	漁労長(衛生担当者)	〃	〃	〃	〃	〃	3/6～11/28	〃		420
9(1997)	51	漁労長(当直・衛生)	〃	〃	〃	〃	〃	3/4～11/28	〃		636
10(1998)	52	〃	〃	〃	〃	〃	79.53	3/3～11/29	〃		688
11(1999)	53	〃	〃	〃	〃	〃	〃	3/9～11/29	〃		684
12(2000)	54	〃	〃	有限会社青井水産	〃	〃	〃	3/1～11/29	〃		595
13(2001)	55	〃(当直・衛生・二等航海士)	〃	〃	〃	〃	〃	3/1～11/29	〃		292

青井安良氏の「船員手帳」

主の青井順一氏の名前の「順」の字を入れた「順洋丸」と名付けている。

安さんは、昭和四六（一九七二）年、二五歳の秋に、この船主の次女と結婚をしてから、一女二男の子どもにも恵まれた。幸子《さちこ》夫人によると、子どもたちが小さいころ、漁期を終了してから安さんが帰ってくると、「お父さんだよ」と奥さんが子どもたちに言いさとしても、安さんの前でもじもじしていたという。子どもに「この人、誰？」と言われたことがあると、安さんも語っている。しかし、漁が始まるころには、すっかり慣れて、子どもたち三人が安さんの手足に絡んで、なかなか側を離れなかったという。面白い話を語る父親だったと、娘さんも回顧している。子どもたちとの生活が一年に数カ月だけという暮らしを続けていったわけである。カツオ一本釣り漁の生活を続けた漁師は皆、同様の体験をしている。

船頭になったのは、安さんが二七歳になった昭和四八（一九七三）年の漁期からで、船主でもあり舅でもある順一さんから、久礼でのカツオ一本釣り関係者の集まりに行って来いと言われて行った会合が、船頭の集まりの会であった。安さんには何も知らされずにいて、酒が飲めればいいかなくらいに思って参加してしまった会だったという。しかし、船頭を引き受けた以上は、順洋丸を末長く継続させることに力を注ぐ決心をすることになった。当初は乗組員の大半は、安さんより年上で、船頭からカシキの真似事まで、何でも関わらなければならなかったという。また、安さんが船頭になった昭和四八（一九七三）年の暮れは、オイルショックが起こった年であり、翌年から燃費の高騰が始まり、当初から波乱の船出であった。

若い船頭時代の青井安良氏（右から２人目）

この後、船頭暦は、平成一三（二〇〇一）年までの通算、二九年間で、昭和六一（一九八六）年に、船主である義弟に一漁期、船頭になってもらっている。

漁期に限定して見ておくと、当初の青井幸漁丸は通年操業で、夏期にはカツオ一本釣り、冬期は足摺岬付近でメジカ釣りをしていた。カツオ漁はその後、第五幸漁丸の時代（一九六六～七〇）は九月末まで、第六順洋丸の時代（一九七一～七六）は一〇月末まで、第十一から十八順洋丸の時代（一九七七～二〇〇一）は一一月末まで操業し、船が大きくなるにつれて漁期が延びていることがわかる。これは、どのカツオ船でも同じであるが、周年操業をすることで、経営の安定をはかろうとしたのである。国の政策が「沿岸から近海へ、近海から遠洋へ」という時代であったので、これを後押ししたことも確かである（注1）。また、第十一順洋丸から冷凍機を設置したことも、漁期を長くした原因である。一一月三日の中土佐町の町民運動会までに戻ってきたのは、第六順洋丸の時代までである。この漁期の延長とともに、以前は二〇航海（一航海は出港から水揚の港に戻ってくるまでの単位）くらいであったのが、一一月末までの漁期になると六〇～七〇航海、多いときで八〇航海になることもある。

漁期の延長とともに、漁場も拡大する。当初は、北は伊豆諸島、南は鹿児島までであり、寄港地や水揚港は、尾鷲（三重県）や沼津や伊東（静岡県）などであった。第三幸漁丸（一九六四～六五）のときに銚子（千葉県）や那珂湊（茨城県）、第五幸漁丸（一九六六～七〇）になってからは石巻や女川（宮城県）まで北上し、本格的に東北出漁が始まった。第十一から十八順洋丸の時代（一九七七～二〇〇二）に入ると、水揚港が勝浦（千葉県）と気仙沼（宮城県）中心になってくる。一方で、気仙沼市では昭和四五（一九七〇）年に、「漁船誘致協議会」を設置し、四国や九州に至るまで気仙沼への入港誘致に努め始めている（注2）。

なお、前の表で昭和四九（一九七四）年に、漁期が翌年の二月一九日まで続いているのは、大分県臼杵市の、下《した》の江《え》造船所にエンジンの整備などで行き、雇い止めをしなかったためという。昭和五一（一九七六）年に通常の漁期のほかに、一二月に一週間の雇用があったのも、漁期終了後に第六順洋丸を沖縄県の宮古島に売却するためのものであり、平良《ひらら》（宮古島市）で雇い止めをしている。

安さんが船頭を下りたのは、平成一四（二〇〇二）年の漁期からで、そのころから日記を付けはじめる。この日記を「餌買日記」と称して読み解いた文章は、第Ⅳ章の「「餌買日記」に描かれたカツオ漁」に譲るが、本章においても「日記」と称して引用しているのは、この「餌買日記」のことである。

注1　葉山茂は、『現代漁業民俗誌—海と共に生きる人々の七十年—』（昭和堂、二〇〇三年）のなかで、戦後の遠洋漁業は、国の施策の後押しもあって、高度成長期を通して大規模漁業として台頭する時代であったとしている。これは、一九七三年のオイルショックや一九七七年の二〇〇海里排他的経済水域の設定により、次第に遠洋漁船が減船されるまで続いた。

2　『気仙沼魚問屋組合史　五十集商の軌—港とともに』（気仙沼魚問屋組合、二〇〇一年）一〇七頁

少年時代と生物

魚を捕る漁師にとって、その少年時代にどのような生物を捕獲し、あるいは飼っていたかという体験も、非常に大事なことのように思われる。カツオ一本釣りにおいても、カツオを釣るという「捕獲」だけではなく、その餌イワシを「飼う」ということも大きなウェイトを占めているからである。

安さんの少年時代は山の果実を採ってあるき、それをポケットに詰め込んだ。久礼や須崎ではスダチのことをスミカンと呼んでいたので、安さんは、ミカンは青いもので、黄色いミカンは腐っているものと、大人になってからもしばらくは、そう思っていたという。山のモモ（木の実）も採ったが、よくムカデがいた。スカンポは皮をむいて塩で揉んで食べた。秋になると、学校の教室の床にはシイの実の殻が散らばっていたくらい、昔の子どもたちはシイも採って食べた。

川魚は、一眼鏡を付けて潜り、ジャン突きという漁具で、ゴリ（ハゼの類）を捕った。ゴリは穴の中に棲息しており、身がコリコリしていて旨かった。少年のころから、食べて美味しいものを選んで捕っていたのである。ジャン突きは、三本刃のヤスをゴムホースでパチンコのように飛ばす漁具のことである。ほかにはヤデモチ（テナガエビ）やウナギも捕まえた。お盆のときにシキビを入れる竹筒を、盆が終わると皆、川におさめることが多く、この筒に小さなウナギが入っていて、これを捕まえた。子どもたちは、いつもヒゴノカミ（小刀）と塩とマッチを持ちあるいていた。焼き魚にして食べるためで、遊びというより、空腹を満たすために捕ったことのほうが多かったという。

昆虫はトンボなどを捕まえたが、久礼の言葉で、オスのトンボを「ドン」、メスのトンボを「アブラ」と呼んでいた。一〇月ころには、浜へ出て赤い実を付けた絹糸をオニヤンマへ向かって放り投げると、虫だと思って近づいてきて絡んでしまうのを捕獲した。トンボへ向かって投げ上げるときには、「エマロッカイ！、エマロッカイ！」と語ったという。

子どもたちは、冬場は「ヤマドリ捕り」をするために、友達四～五人で組んで、現在「黒潮本陣」が建っているあたりの山へ登り、日が暮れるまで遊んでいた。ヤマドリやツグミ、ヒヨなどは「コボテ」（注1）と呼ばれる、ギロチン風の囮《おとり》を作って捕獲した。主に稲刈り後の田の上に仕掛けたが、囮に使う餌は、センダンの実、クスの実、ナンテン、ピラカンなどを集めてきて袋に入れておいた。ヤマドリは、モモ（木の実）が落下する一一月から三月のあいだに、地面に下りて木の実を拾って餌にするからである。

その捕らえた鳥は、鳥肉を食べるのが好きな大人に売りにいって小遣いにした。ツグミ二〇円、ヤマバト二五円、大きなトリツグミは三〇円で買ってもらった。

中学生になってからの小遣い稼ぎは、夏期には一眼鏡を付けた「貝捕り」である。チャンバラガイ・アカニシ・サザエ・アワビ・ナガレコ（小さなアワビのこと）・ツメタカ・バラガイ・カ

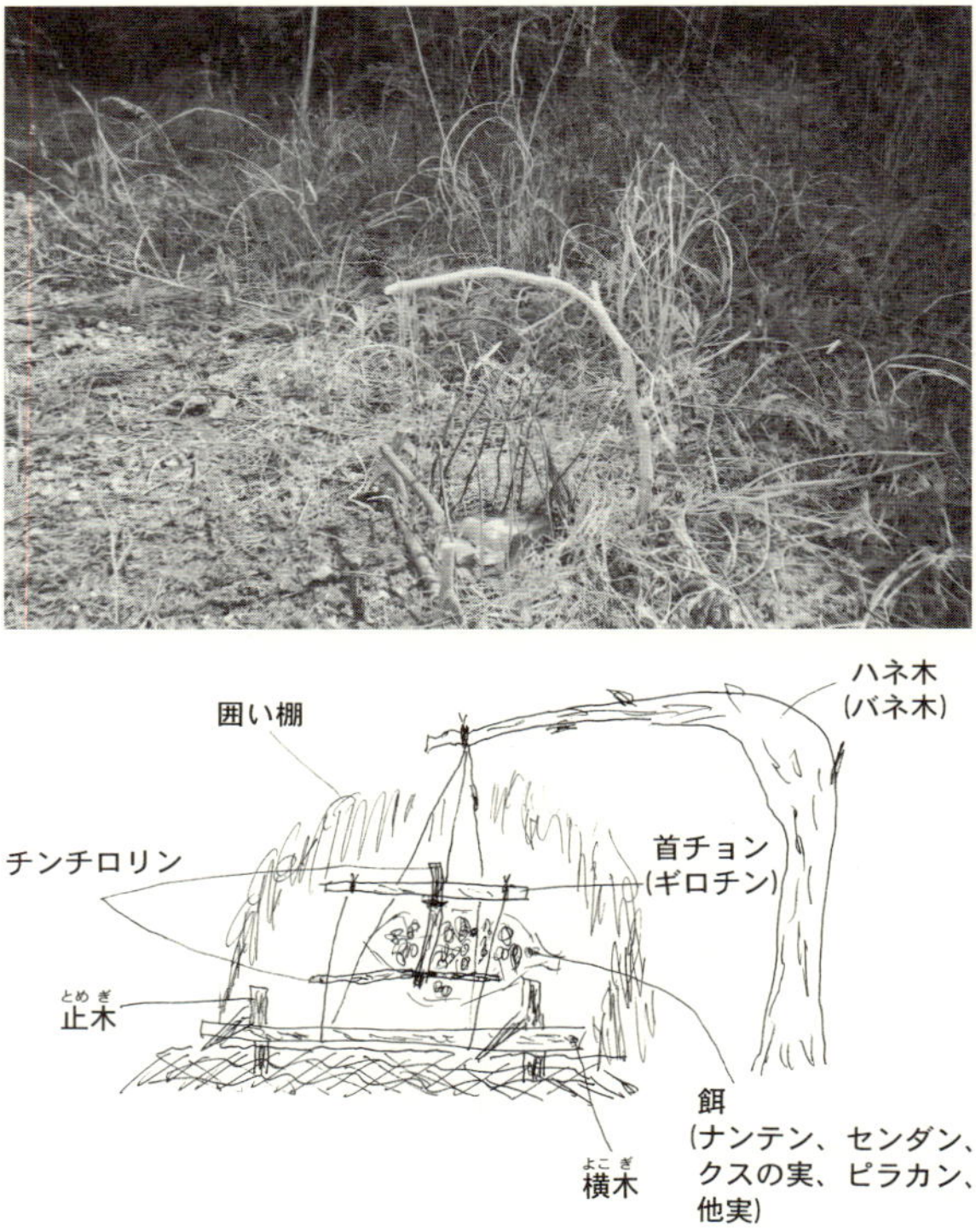

ヤマドリなどを捕るコボテ（青井安良氏による再現と作図）

キなどである。冬期には、ハエの上にいるカラスグチ（カラスガイ）を捕った。

捕るだけでなく、飼育した生物もある。カブトムシは、ナスビの中身を刳りぬいたものにローソクを立てたものを手に持って、夜に製材所に探しにいった。木材の輸送でも栄えた久礼の町は、大きな製材所があったからである。自分で苦労をして探して育てたカブトムシは、死んだときに悲しくなり、土に埋めた。

メジロは市販されていた鳥もちで三～四月ころに捕った。竹カゴで飼っているメジロは、黄粉《きなこ》と大根の葉っぱを擂り合わせて液状化したものを餌にして与えたという。コバンと呼ばれる鳥カゴは、竹ヒゴで作った。また、八幡宮の森にいたゴイと呼ばれる鳥も捕った。長じてからカツオ船で行くことになった静岡県の伊東や網代にもいた鳥で、そのゴイには、川のドジョウを食べさせたという。

注1 高知県の山間部、大豊町立川上名の石川靖朗さん（昭和六年生まれ）と同町中村大王の山下久寿喜さん（昭和一三年生まれ）のお話では、コボデは冬期に、里山の入口の田や畑に仕掛けたという。ヒヨドリ・ツグミ・カシドリ・ヒエなどを捕るための道具で、子どもに貸すこともあった。多いときは二日に一回、行なった。餌はヤマギリの赤い実、ワカバ・ヒサカキ・ナンテン・バラの実・シュロの実（ヒエを捕る）などであった。（二〇一二年三月二四日聞書）

カシキ時代

船に乗って最初の仕事はカシキ（炊事係）であった。当時は、一般の家庭でも白米を食べることは少なかったので、その米を食べられるのが嬉しくてカツオ船に乗る者も少なからずいたという。青井幸漁丸のカシキとして出発した安さんは、米三割・麦七割を釜に入れて炊いたが、これらを洗うときに浮力のある麦が流れ出て、たいへんであった。一九歳になって一年間、室戸の加寿丸（三九トン）に乗ったときに初めて、米と麦とが五分のご飯を食べたという。

水は大切に用いられ、海水の後に少しの水で米をゆすぐので、どうしても塩味のするご飯だったという。当時の燃料は、薪から重油に変わっていたが、炎が一つどころに集中してご飯が焦げてしまうので、炊けるまでのあいだ、ハガマを両手でゆっくりと回しながらの炊事であった。ご飯の焦げやブチ（半分が生米）は、船のトシヨリたちから怒られたものだという。

初めて船に乗り、足摺岬を回るときには、顔に煤を塗られ、その船のフラウ（大漁旗）を体に巻いて、シャモジを手に持って踊らされた。そのころの漁場は、足摺岬や室戸岬の沖であり、鹿児島沖の種子島《たねがしま》でも釣ったが、山が見えるところまでの海上であったという。

野菜類は、ジャガイモ、ダイコン、ニンジン、ゴボウ、タマネギなどを当初から積んだが、冷蔵庫がないために、キャベツや葉物野菜は腐るのが早く、肉類も積んだが、痛みやすかった。

カシキは朝にご飯を炊くと、フナダマ様に先に上げ、サカキも上げて祀った。土佐佐賀では杉の枝を用いている船もあった。また、安さんがカシキのときは、青龍寺（高知県土佐市宇佐）から奥の院（波切不動）まで、大漁旗を持たせられて参詣に行ったものだという。

カツオ一本釣り船のカシキには、宗教的な役割も多かったが、航海ごと初めて漁があるたびにカツオのチチコ（心臓）をフナダマ様に上げるのも、主にカシキの役割であったという。一本釣りの操業中にも船のトモでトローリングをして釣っており、そこに上がったカツオなどのチチコを作業中にフナダマ様に供えた。安さんは宇佐の船で、フナダマ様が込められているホゾ穴の蓋のところに血が塗られていたような形跡があるのを見たことがあるというが、船によっては、チチコの血をフナダマ様に塗りたくることもしたと思われる。マンボウを捕った場合は背ビレの先端を、カメを捕った場合は左側の前足の先端を、フナダマ様に上げた。

餌を運んでいるカシキ、餌を投げているカシキが
描かれている絵馬（久礼の住吉神社、98.1.2）

カメの解体の仕方も、カシキの時代に覚えたという。まず手カギを用いて首を胴体から引き出した後、

頭に桶をかぶせ、首を落としてから、甲羅を開いた。カメは脂が出るので、煮た後のハガマの脂を落とすのがたいへんで、石粉を用いてタワシで落としたという。ハガマ一つでご飯も炊き、お茶も沸かした時代であったから、入念に脂を落とさなければならなかった。

以前の船での調理は台バリと呼ばれる船べりであったために、このようなときにタワシや包丁を海へ落とし、船では禁忌であった「落し物」をしてしまうことが多かった。

カシキにはナカマワリと呼ばれる仕事もあった。カンコ（魚艙）に溜められた海水を換えるために裸で潜って船底にある木の栓を抜く仕事や、カツオ一本釣りの操業中に餌イワシをバケツで運ぶ役割である。乗船してから二年目か三年目になると、安さんは初めて竿を持たせられた。カツオを釣って抱く練習もしており、船の上で、南京袋を紐で括った一・五〜二キロくらいのものをカツオに見立てて練習をした。乗船して三年くらいは、カツオを抱いて捕っていたからである。カツオ釣りが上手な人は、隣で釣っている人にカツオの鱗がかからないという。カツオを抱くのではなく、竿を上にあげてカツオを振り落とす「ハネ釣り」は、昭和四〇（一九六五）年くらいからで、これを「シワキ釣り」、あるいは「タタキ」とも呼んだ。

安さんが初めてカツオを釣ったときは、自分が一人前になったと思ったという。

カツオ・マグロの種類

昭和四十年代に入ると、カツオは鰹節の加工用としてばかりではなく、鮮魚市場の需要も格段に伸展させていった。高知県のカツオ一本釣り漁は、鮮魚用のカツオを釣ることを伝統としてきた。そのカツオにも、大きさや種類、食感などにより、さまざまな呼びかたがある。

一・三キロ前後のカツオのことをチンピラという。安さんによると、食べて美味しいのは、二～三、四キロのカツオだという（注1）。一本釣りでは、この大きさが一番釣れ、また値も良い。それより少し大きくなったカツオのことをシマキリと呼んだ。

メジカ（ソウダガツオ）のシンコ（新仔）の刺身は、クロスともいい、あっさりしていて美味しい。七月末の稲刈りが終わったころの同じ季節に採れる、高知のブシュカン（ミカン）の汁を流して食べる。

スマ（スマガツオ）は、メジカに近い種類だが、脂が多く、節にはならない。この小さなものをシロスと呼び、刺身にすると美味しい。

モンガツオは、モンツキとかホシガツオと呼ばれるが、紋のある、珍しいカツオである。身が赤いのが特徴である。尖閣諸島で多く見かけた。安さんは父島でも三トン捕り、焼津の小川港に水揚げしたが、市場では何の魚かわからず、説明してくれと言われたことがあったという。

新しいカツオのことをグリグリしているので「グビ」と呼んだ（注2）。また、臭みがあり、ゴシゴシしているカツオのことを「ゴシ」と呼んだ。包丁で切れすぎるくらいで、旨いカツオは、むしろ包丁に身が付いて切れにくいものである。

カツオ一本釣り船の約九カ月の漁期中、カツオは九割で、その他はマグロ類になる。マグロには、メバチマグロやキハダマグロなどの種類があるが、マグロの幼魚のことをヨコワ（カツオと同様に、釣り上げると横の縞が現れる）、キハダマグロの仔はビンタ、キハダがもう少し大きくなるとシビという。メバチマグロの小さなものはダルマと呼ばれる。

トンボとは、ビンチョウマグロ（ビンナガマグロ）のこと。流れものに付かない性質があり、一〇キロくらいの大物になると、カギをかけて二人で上げるが、このカギカケという役割は心臓がバクバクするくらい一番疲れるという。このビンチョウマグロがよく捕れる季節は、梅雨のころで、海上では冷たく、年中で一番、日の長い時期なので、働きづめで疲れが溜まる。また、四～五キロのサイズをマメトンと呼び、現在は主に回転寿司に出るが、脂があるので、大きいビンチョウより高価に売れている。

高知県では黒潮と共に北上するカツオのことを「ノボリ（上り）ガツオ」、秋になって南下するカツオのことを「クダリ（下り）ガツオ」と呼んでいる。これらは、藩政時代からの廻船が上方へ行くときの潮流の名である「ノボリジオ」と上方から戻るときの「クダリジオ」に一致している。「戻りガツオ」という言葉は、カツオ船の冷凍設備が整ってきて、三陸漁場での終了期が九月から一一月ころへと延びてから生まれた言葉である。

注1　一本釣り漁法で釣れるカツオの大きさが一定していて、それが一番釣れ、かつまた美味しいと感じることは、鰹節への加工の利用もさることながら、江戸時代からずっと、その大きさのカツオを食べていたことと関係する。いわば、漁法が舌の味を決定していたのである。

2　同じような捕りたての新鮮な状態のカツオを指す言葉として、高知県土佐清水市では「ビリビリ」、愛媛県の愛南町では「ビヤビヤ」と称している。

漁場とナブラ

漁場は大きく「西沖」（九州~トカラ列島~沖縄近海）と、北緯三八度から北、あるいは金華山より北の海域を指す「東沖」と分けて呼ばれる。そのあいだは、「土佐沖」（高知県）とか、「潮岬沖」（和歌山県）、「大王沖」（三重県）、「犬吠埼沖」（千葉県）、「塩屋沖」（福島県）など、太平洋沿岸の主なる岬の名前を付けて呼ばれた。また、伊豆七島でもある御蔵《みくら》島や八丈島近海、あるいは青ヶ島付近の海域を「シマ」と呼び、鳥島より沖の小笠原諸島の海域を「南方」と呼んだ。さらに海域のなかの瀬の名前なども、昔は覚えていなければ、そこへ到達することができなかった。また、第十一順洋丸のとき（一九七七~八〇）までは、春先の二~三月は、フィリピンや台湾の漁場でも操業していた。フィリピン沖の一五~二〇度あたりのことをも「南方」と呼んでいた。台湾から沖縄にかけては、一航海が約二週間であった。

中土佐町の写真集には、昭和五三（一九七八）年三月の台湾沖の第十一順洋丸のカツオ漁の写真が載っている（注1）。この背景には、昭和五一（一九七六）年一一月二九日に、台湾の高雄市で、土佐鰹漁業協同組合と高雄区漁会とが、台湾周辺の水域で、相互に協力しながら安全操業するための「漁業姉妹会」の覚書に調印したことも大きい（注2）。その内容には、食料・水の補給、操業技術の提携、海難救助などが記されていた。しかし、一九七九年の第二次オイルショックのころから、遠方の漁場での操業は避ける傾向にあったという。間もなく、この漁場へ行くカツオ船は激減していった。

カツオは潮目に集まり、また黒潮が蛇行するそのへりに集まるという。黒潮自体には餌が少なく、脇道の分流のほうにプランクトンが湧いて、イワシやカツオが集まるという。そのため、黒潮が東へ向いてまっすぐに流れているときはあまり漁がなく、三陸沿岸に接近して蛇行しているときは、分流が多くて漁に恵まれるという。

これらの漁場のなかにいる、カツオの群れのことを指す「ナブラ」は、船上の上部で三人、下では六~七人が双眼鏡を持って探す。ナブラの様子を見るために、ケンケン（曳き縄）を用いて探すこともある。ナブラには、次のような種類がある。

鳥付き　カツオドリ（テッポウドリ）やマドリ（オオミズナギドリ）の群れの下にナブラがいることが多く、これを「鳥付き」という。カツオドリは伊豆沖のイナンバなどの岩礁にいたが、島々を離れてはいなくなる。イワシの群れへ向かって急降下するので、テッポウドリとも言われた。マドリは御蔵島などに多くいた。ほかに、トンボ（ビンチョウマグロ）と一緒にいる鳥のことをトンボドリと言い、黒い鳥でホウロクとも言われた。これらの鳥を発見することが、カツオ一本釣り漁の最初の仕事である。

木付き　流木に付いているナブラのこと。

カツオの大群を囲い込み中の第十八順洋丸

流れ物　網、アクタ（ゴミ）、ビニールなどに付いている群れのこと。安さんも破れたポリバケツの流れ物に付いているナブラに当たって大漁をしたことがある。木付きや流れ物のナブラに当たると、釣り始めて二時間くらいで満船になるという。木付きや流れ物には、シビやキハダなどのマグロ類が付くこともある。

ジンベエザメ付き　ジンベエザメは三陸沖に多く見られ、北緯三二度・東経一四五～一五五度より南には、あまり見かけなかったという。カツオはカジキやシイラに追われると、真っ赤になってジンベエザメの背中に集まった。安さんは、中之作（福島県いわき市）や那珂湊（茨城県）の沖で、「サメ釣り」で大漁をしたことがある。

クジラ付き　カツオクジラ（ニタリクジラ）にカツオが付いた群れのことをいう。

サメ（メジロザメなど）付き　九州や南西諸島に多い。

トロミ（スナブラ）　エサ付きがあまり良くないのはスナブラであることが多い。カツオの群れでさざ波が立っている状態をいい、大きな群れとなると、浜に打ち寄せる波のように見えた。

川の流れが小石に当たって盛り上がっているように、真っ黒く海面が盛り上がっている場合もある。それを「トロミが上がる」とも言った。秋口になると鳥がナブラに付かなくなるので、このトロミを双眼鏡で探した。

エサモチ　イワシに付いている群れをいう。

ハネムレ　跳びはねている群れのことをいう。

瀬付き　岩礁やハエ、瀬（島の回り）に付いている群れなどをいう。三月から六月にかけては、鹿児島沖、トカラ列島、伊豆諸島、小笠原諸島などのシマワリでは、この瀬付き群れの操業が多い。このシマワリの操業をするのは高知県の船だけという。また、トモ（船尾）を島のハエに向けてから船を進め、そのときにトモからイワシを撒いて、ハエの周囲の浅瀬に居るカツオをおびき出す漁法を用いた。このときは、トモから長い竹竿を出して釣る。この漁法のことをトモジャクリと呼び、夏場に、トカラ列島の悪石島、諏訪瀬島、中之島などの絶壁に囲まれた島の回りで行なわれた。

トモジャクリの図

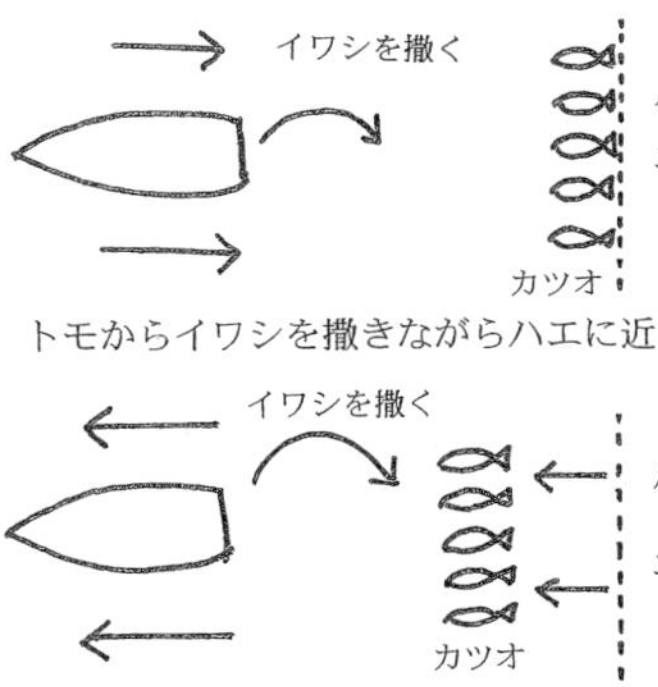

①　トモからイワシを撒きながらハエに近づく

②　ハエからカツオが離れて船に付く

パヤオ付き　竹を束にして海中に人工的に沈めているものをパヤオ（浮き魚礁）という。高知県では、昭和六〇（一九八五）年に策定した黒潮牧場構想に基づき、鋼製大型浮魚礁ブイを土佐湾沖合に設置したが、現在一二基が設置されている。これらは「土佐黒潮牧場ブイ」（「黒牧ブイ」）と呼ばれる。沖縄のパヤオや黒潮牧場ができたことで、漁が少ない時期でも一定の水揚げが見込めることにはなったが、黒潮に沿って上がってくるカツオが減少し、さらに型も小さく、土佐沖で群れ動くカツオを見つけることが少なくなったことも確かである。土佐湾のパヤオ投入に真っ先に反対したのは、カツオ一本釣り船である。

これらのナブラを発見して近寄っても、七〇％は餌に食いつかないという。カツオはイワシを食べて腹が張っているほうが、よけい餌に食いついたという。体の色が青いカツオは、あまり食いがよくない。食い始めると、体色が黒くなり、次には真っ赤になる。ちょうど茶の葉を水に浮かせると赤くなるのに似ているという。

注1　写真集「中土佐町の今昔」編集委員会編『写真集　中土佐町の今昔』（中土佐町教育委員会、一九八〇年）一六頁

2　高知新聞社編『黒潮を追って』（土佐鰹漁業協同組合、一九七八年）一二五～一二八頁

ナブラを飼う

餌投げ

ナブラを発見し、近づくときは速力を落として、散水しながら餌を投げ入れ、停止をする。餌イワシを投げ入れてカツオの群れを船に近づけることを「ナブラを飼う」と呼んでいる。「餌を投げろ！」、「餌をかぶせ！」、「かぶしとけ！」というような船頭の掛け声で、いよいよ漁が始まる。死んだイワシを投げると、カツオはすぐにもいなくなるという。また、小さいマグロは釣ることができるが、マグロはそもそも餌を投げても近寄って来ないという。

「餌投げ」は、どの乗組員でも対応できるようにしておくことが大事である。安さんの日記にも「餌投げ」から「投玉を一つ送ってほしいとの事（餌投げケイコをするから）」（04/1/26）とあるように、オカでの練習も欠かさないようである。伊豆の戸田《へだ》（静岡県沼津市）の水産高校では、学生たちが砂をイワシに見立てて、撒く練習をしていたという。

　餌を投げてからナブラに当たったときは、船内のどのような役職であろうとも、ほとんどが竿を持って、トリカジ側（左舷）に並ぶのが原則である。カツオは次第に、食いが良くなると肌の色を変えていく。先に述べたように最初は黒くなり、次は赤色、釣り上げたときには腹に横縞が見えてくる。このような状態になると、まるで餌を搗くような動作の入れ食いになり、大漁をする。ところが、背ビレの青いナブラは、餌に付かない。船がナブラの右側から寄ったり、左側から寄ったりしても反応がない。餌に付かない群れはスナブラ（ナブラだけの群れ）に多いという。

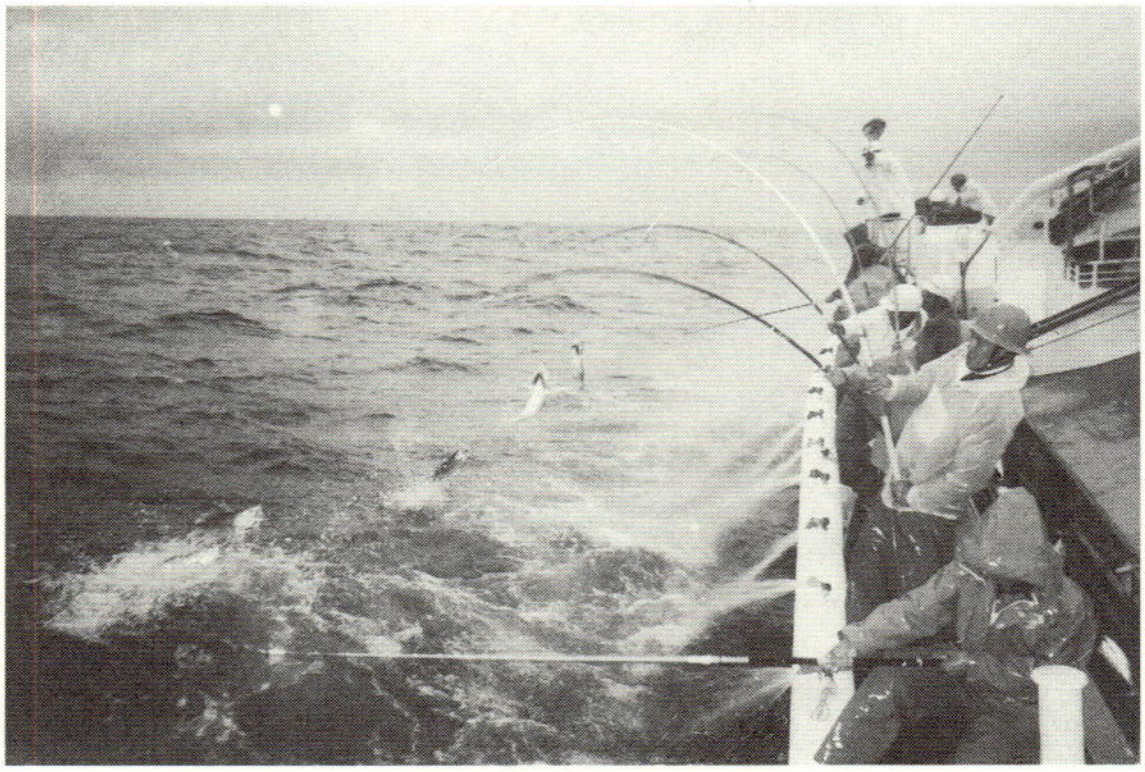

カツオ一本釣り操業中

　さて、ナブラからカツオ船が釣る確率は、約一〜一・五割くらいである。巻網《まきあみ》では五割くらいである。安さんによれば、たとえば一〇〇匹のカツオのうち、半分の五〇匹捕るのが巻網で、七〜八匹釣るのがカツオ一本釣り船だという。餌イワシでさえ、撒いたときに逃げるのもいることから、カツオもイワシも大半は海に戻しているようなものだと語っている。安さんは、カツオ一本釣り船のことを「カツオ船」、カツオを捕獲していても巻網のことは「巻網」と使い分けをしている。つまり、巻網はカツオ船ではないのである。一般的には、カツオ漁に関して「竿釣り」と「巻網」とに分けられている。

巻網は、以前はキハダマグロを中心に捕っていたが、軽いナイロン網に代えたころから魚を揚げるに楽になり、そのころからカツオを主に捕るようになったという。巻網は、現在、全国で約二〇カ統ある。世界各地でのカツオ漁を見渡すと、巻網で捕っているのが九割という現状である。

安さんの「日記」によると、二〇〇四年の六月一一日の雨の日、「この日に網船（〇〇丸に）まかれる。140—09、33—20付近。水23.2（10時30分頃）」とあり、カツオを釣っている操業中の船ごと巻網船に巻かれたこともあったという。翌年の六月七日にも、「前航海流レ物、本日合計18t。餌終る。明日の勝浦入港01時頃、140—00、35—00、巻網に巻かれる。この近海、通り道でカツオ船、巻網船多く通り、とうとう見つかる。残念‼ 又、良い流物に出会う事祈る」とあり、せっかくの「流レ物」の漁に当たったと思ったら、巻網船に見つかり、船ごと巻かれたことを記している。

釣竿の種類

カツオの竿は、一漁期に一人で一〇本ずつ持って行くが、以前の竹竿だと、四~五年も経つと脂が抜け、シナリが悪くなるために交換したものだという。カツオ一本釣りの釣竿には、カブラ(擬餌針)を付ける「擬餌針竿」と、活き餌を付ける「餌竿」とがある。

「擬餌針竿」には、三・五~四・五メートルの竿と、二~二・五メートルの竿とがある。前者は、一~三キロまでの比較的小さなカツオから七キロくらいの中型のカツオを釣り上げるときに使用する竿で、餌付きが良いときに使用する竿である。後者も、一~三キロのカツオを釣る竿で、通常使用する竿の半分ほどの長さである。餌付きが良く、短時間で大量(五~一〇トン)、またはそれ以上に漁獲が見込まれるときに乗組み員全員が使用するカツオ竿である。

一漁期の擬餌針(高知県ではカブラと言う)は、一人合計一〇万円くらいかかるが、これは大仲経費(一一七頁参照)で落とすという。カブラはハクラクテンの芯の固いところを用いた。三崎(三浦市)では水牛の角を、女川ではクジラの毛や歯を買って、これらも用いた。アコヤガイも使用することがある。

ヒサゴ(ミサゴ)の羽根を用いて作るシャビキは、海面を走らせる擬餌針で、弱ったイワシに見えるという。このシャビキは、餌付きの悪くなったときに、船首にいるヘノリ二人が、イワシが泳いでいるように、広く海面を走らせ、他の乗組員は活きイワシを付けてカツオを釣り始める。

普通のカブラの作り方は、釣針に鳥の羽根を付けた後に、魚の皮やシャミと呼ばれる猫の皮を、さらにその上から巻き付けた。トウヤク（シイラ）やヒラマサ、ハギの皮ははずれやすいが、シャミは固くてちぎれないので、こちらが多く用いられた。釣針に道糸を結び付けるにも二種類あり、道糸一本で結び付けるよりは、二本を縒って結び付けたほうが丈夫であるという（次頁の写真参照）。

以前は、銘々の好みで作られ、針も鋳型に真鍮を流して作ったが、最近は既製品を用いることの方が多い。自分で作ったカブラは大事に扱ったものだった。また、安さんによると、ていねいに作った美しい、見た目の良いカブラより、急いで雑に作ったカブラのほうに、カツオが食い付くものだという。

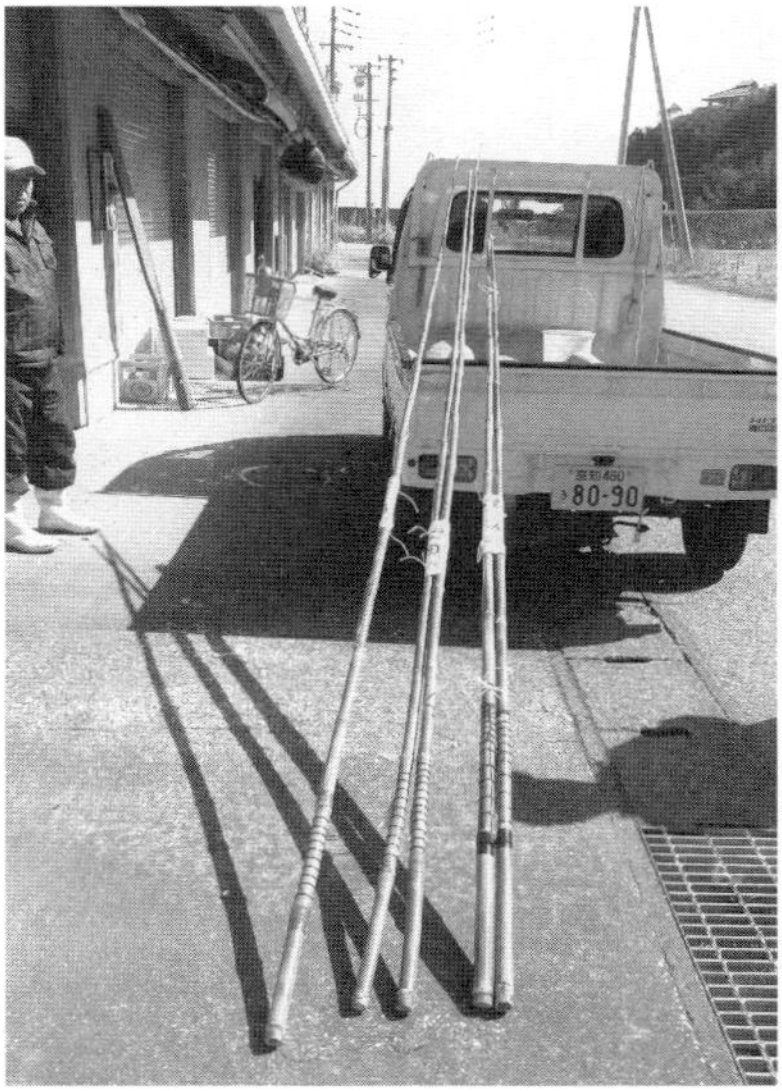
国立民族学博物館へ搬送される、青井安良氏が作った竹の釣り竿（13.2.23）

これらのカブラは常時、五〇～六〇本用意しておくものであったが、カツオを釣る操業中にも、サイフ（カブラ入れ）に一五本くらい入れて身に付けておき、カブラが傷むたびに取り替えながら釣ったという。

③

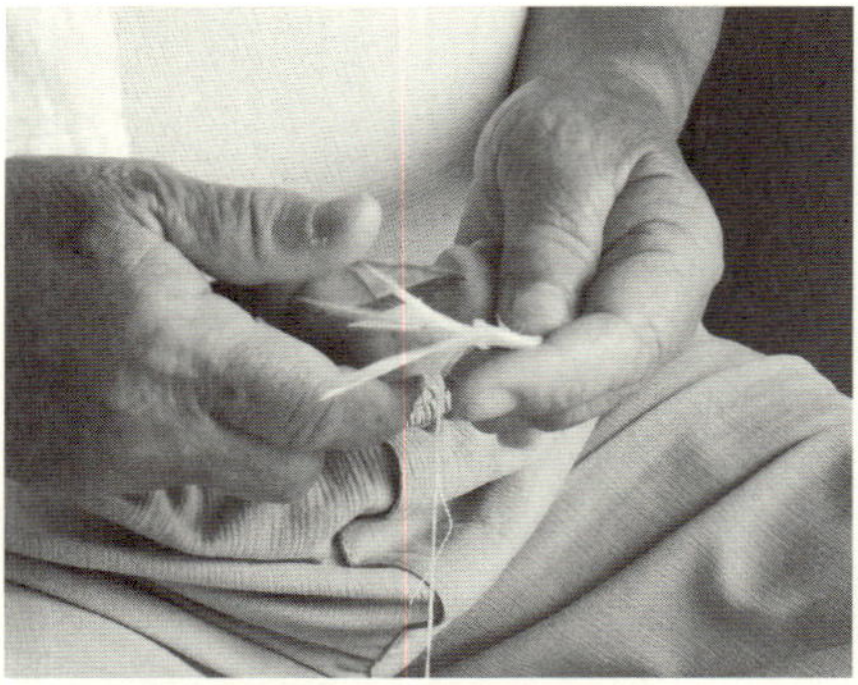

①

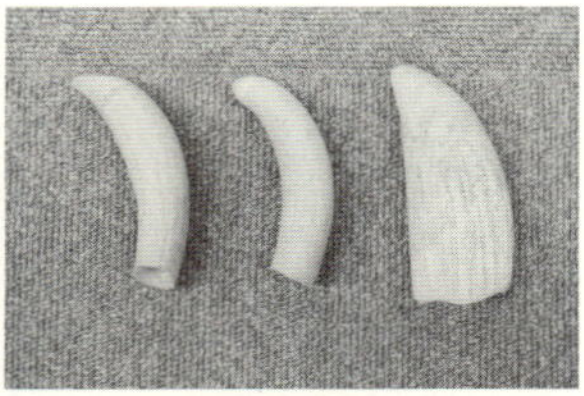

②

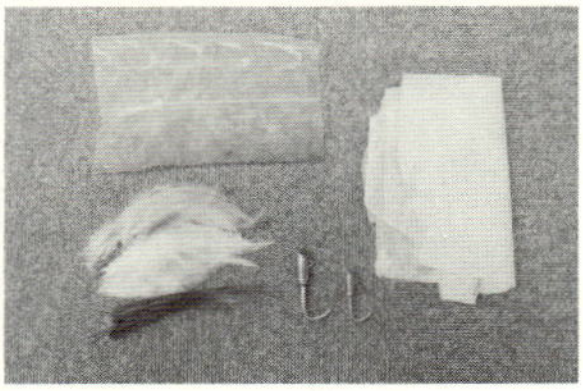

④

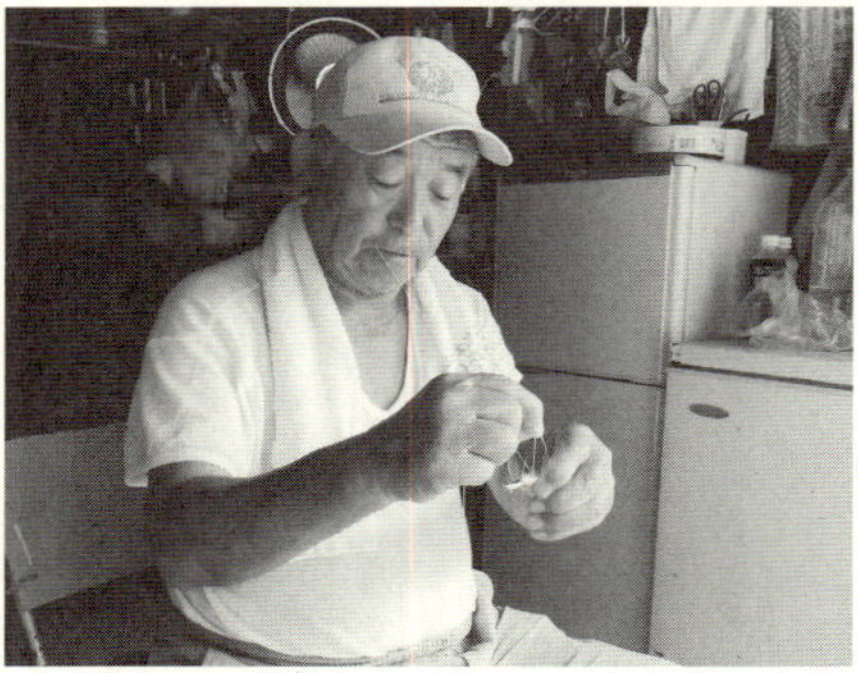

⑤

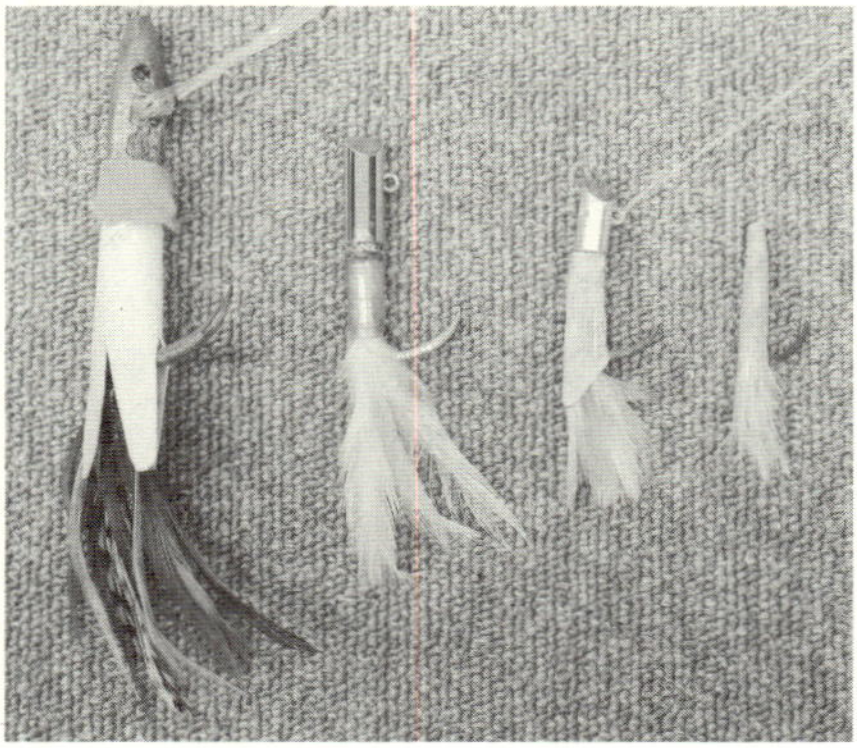

①擬餌針に用いられるクジラの歯
②擬餌の材料（鳥の羽根・魚の皮・猫の皮）
③羽根を整える
④糸先を口にくわえて、針と羽根を巻く
⑤完成品（右からカツオ用、左がトンボ用）

「餌竿」には、カツオを釣る三・五〜四・五メートルの竿と、「特大カツオ」とトンボ（ビンナガマグロ）を釣る三・五メートルの竿がある。前者は、一〜六キロの、小さなカツオから中型のカツオを釣り上げるときに使用するもので、餌付きが悪くなり擬餌針では釣れなくなったときに、カタクチイワシやマイワシなどを釣針に刺し、使用するカツオ竿である。大きなカツオなど、釣り上げが無理なときは、鉤《かぎ》竿などを用いて船内に取り込む。後者も、餌付きが悪くなり、擬餌針では釣れなくなったときに、活き餌（カタクチイワシ・マイワシ）を釣り針に刺して使用する餌竿である。餌釣りのときは、釣ったときにカツオを脇の下に抱えて釣針をはずしやすいように、以前の一本釣り船のように釣っている。現在でも、インドネシアからの漁業研修生がカツオの模型を用いて抱きかかえる練習をしているのは、そのためである。

イワシに釣針を掛けるには、ハナガケ・エラガケ・ハラガケと三種類があった。ハナガケとエラガケは底に沈まないが、餌が捕られる確率も高い。ハラガケだと、底を向いて潜るが、餌は長生きせず、すぐに取り替えなければならなかった。さまざまな掛け方をして試みたものだが、現在はハラガケのほうが付けるのが楽なので、この掛け方が多いという。

他に「二本張り竿」と呼ばれる二人釣り用の竿があり、これは三・五メートルの長さである。「特大カツオ」やトンボ、キハダマグロ、メバチマグロなど大きな魚種（一〇〜一五キロ）の魚を釣り上げるときに使用する、二人ひと組用の「カツオトンボ用竿」である。

乗船時には一人あたり、擬餌針竿と餌竿を併せて七〜八本、特大カツオやビンナガマグロ用の餌竿と「二本張り竿」を、それぞれ一本ずつ、併せて一〇本くらいを持って乗船する。カブラで釣れるのは当初だけで、付きが悪くなると、一本釣りの技術が高い舳《へ》先のヘノリを残して、他は餌を付ける。以前のカツオ船では、ヘノリにも特別な歩合があり、船に乗り始めた若者たちにとっては、当初の目標にすべき地位であり、操業中の位置であった。食いの悪いナブラのときは、当初から餌釣りで挑戦する。

昭和四十年代には、グラスファイバーの竿が少しずつ増えていった。しかし、当初は竹竿のような「しなり」がなく、はね過ぎるので、すぐに腕が疲れてしまい、竹竿と併用していた。グラスファイバーが次第に竹竿の「しなり」に近づくにつれ、その耐用性の長さから普及の度を増していった。「人間にも〈しなり〉がないと駄目だ」と、安さんは語っている。

船上の生活

一九九九年の漁期を事例に、安さんが船頭時代の乗組員の構成を見ておく。船長、機関長は共に義弟、二人の息子が機関員として乗船し、ほかにイトコの夫が機関員として乗船しているので、安さんの血縁関係者は五名である。ほかには局長（無線長）、コック長をはじめ、機関員二名、甲板員六名は久礼や隣の須崎市の出身であるから、地縁関係者は一〇名である。この漁期には一名ほど九州の者がいた。船頭の安さんを入れて一七名の乗組員であった。しかし、この後、地縁関係の乗船者は年々少なくなっていった。二〇一三年現在の順洋丸の乗組員数は一九名、船頭を入れて血縁者は五名でほぼ変わらず、地縁関係者は二名で、他地域からの乗組員は七名、インドネシアからの海外研修生は六名という構成である。

これらの乗組員での船上の生活が、九カ月ほど続く。

以前は、水揚げするごとに、氷を積む時間がかかるために、一晩は水揚港で泊まった。氷を積む時間は三時間くらいかかった。沖に出ると四～五日で、積んだ氷の三分の一は溶けてしまったという。溶けた氷の水である「氷水」で顔を洗い、その水でうがいをした。風呂がわりの、体を洗う水も氷水であった。歯は塩水で磨いた。一九七〇年代に入って冷凍機を入れ始めても、積み込んだ氷と半々に用い、次第に冷凍機中心になったという。順洋丸の場合、氷を積まなくなったのは、昭和五二（一九七七）年にＦＲＰ船の第十一順洋丸になってからである。

第十八順洋丸では当初、便所はオモテとトモにあったが、風呂は付いていなかった。二年目に器用な乗組員に風呂を作ってもらい、海水を汲み上げて風呂水にした。しかし、シャワーだけは温水であった。当日の航海日誌の整理や明日の作戦を練るなど、さまざまな仕事のある船頭は、午後七時三〇分ころに、乗組員が入った後の、最後の風呂であったという。風呂は海水だが、洗濯は水を用いた。

さらに、第十八順洋丸の時代には造水器を入れた。一昼夜で三トンでき、お風呂の水などに使った。造水器で造った水は、無機質なので、人間が飲むと体に悪いという。ただし、焼酎などの水割りには美味しいという。

乗り始めたころのカツオ船での暑い夜には、船の外のエンジン場のそばに長さ一メートル八〇センチくらいの板を敷き、上に大漁旗を張って夜露をしのぎ、板の上で寝た。

船上には、葬式に用いた布キレなどを持ち込むと大漁をすると言われていた。逆にお産に関する「産忌」は嫌った。

昭和四九（一九七四）年、安さんが二八歳のときに初めて男子が産まれ、あまりにも嬉しくて酒を呑んでしまい、酔った勢いで病室の奥さんと産まれたばかりの子どもに会いにいった。そのときは、三日間、乗船することはできなかったという。

船上と旅先の食事

カツオ船での食事は、漁期中は夏でも秋でも、朝食は午前四時、昼食は九時から一〇時ころ、夕食は午後三時と決まっていた。トモとオモテに分かれて座り、細長い絨毯を引き、そこにプラスチック製の容器を置いて、食事が始まる。

献立は、朝食はご飯に味噌汁に漬物、玉子焼きに昨日の残り物など、昼食と夕食は、ご飯と味噌汁に漬物のほかに、いろいろな刺身が付き、煮物、焼物があり、カレーライス、焼きそばのときもある。ほかに野菜いため、鳥足焼き、手羽先、トンカツ、焼肉、肉ジャガ、サラダ、ソーメン、ウドン、ラーメンも出た。戦後まもなくのころまでは、牛や豚などの「四つ足」を船に積めなかったし、「酢」も「素戻り」するといって縁起をかついで積まなかったという。

安さんは食べることに対して精力的であり、関心も尽きない。他の土地で聞いた料理法を積極的に自分で試してみるなど、食に対する話題も多く、酒盗などの手料理も上手である。各地の食文化に対しても包容力があった。同じ乗組員からは「船頭の食べるものは口にするな。腹に当たる」と言われていたくらいである。

まず、カツオの刺身はクダリガツオの方が美味しい。夏場はカツオも暑いので、シャツを脱ぐように脂を落としてしまうが、秋口からは違ってくる。醤油をはじくように脂の乗った刺身を食べられる。しかし、安さん自身は、春の高知沖のカツオのほうが、甘味があって旨いという。このカツオならいくらでも食べてしまうが、クダリガツオはすぐにも飽きてしまうそうだ。

また、カツオ船の上でもカツオ節をつくったことがあり、生節をご飯にのせてお茶漬けにした、ネコマンマを食べた。カツオの目玉も、とろりとして旨かった。また、カツオの肝臓や胃袋、腸を塩漬けにした塩辛もつくった。酒盗は肝臓が主で、調理で洗うときも塩水を用いた。安さんはカツオの麹漬けをトーストに挟んで食べたこともある。

カツオ船のトモでの食事

昔のことだが、カメの肉は高知県では、よく食べられ、カツオ一本釣り船でも例外ではなかった。カメのオスとメスとが番《つがい》でいるときに、メスを先に突くとオスは近くにいるが、オスを先に突くと、メスはさっさと逃げてしまうものだという。このカメの肉は、とくに足摺や室戸などのハナ（岬）のあたりの人たちは好んで食べた。そこに住む女性にお土産にカメを持っていくと、接待してくれるという言い伝えさえあった。トカラ列島の臥蛇島《がじゃじま》にカツオ船が立ち寄ったときには、カツオ一〇匹とアカウミガメ一匹とを交換してくれた。カツオはお祀りのために使うためだったらしい。カメの刺身はショウガ醤油で食べ、血も飲み、脂の匂いのする肉はニンニクで食べ、味噌煮にもした。安さんも、カメの浮ワタと呼ばれる肺の部分が、昔は好物であった。

マンボウもショウガ煮や味噌煮で食べた。マンボウのキモは、小さくちぎって、ご飯の上にかけて食べる。また、マンボウの身をトコロテンかソーメンのようにしてから、味噌と醤油を入れてかき回し、ズルズルと音を立てて食べることもある。周囲の者は気持ち悪がったというが、これも安さんの好物である。

安さんによると、マンボウの食習慣は、土地によって違っていたという。この違いは、旅船でもあるカツオ一本釣りの漁師だからこそ認識できる。たとえば、マンボウのキモ（内蔵）を食べるのは宮城県の塩釜である。同県の女川では、ワタ（腸）を湯がいて刺身にして出す。女川の石巻屋や美登利屋で、よく出された。マンボウの身だけ食べるのは、同県の気仙沼だけである。安さんは気仙沼で、キモやワタを「只や！」と言われて、びっくりしたという。また、気仙沼魚市場で、山形出身の者から聞いたことだが、山形ではマンボウの皮を三杯酢で食べ、これを酒の肴にするという。カツオ一本釣り船などの旅船は、さまざまな港や魚市場で、各地の食文化を耳にすることがあり、それを自身で試みることもあった。

塩釜や気仙沼の港では、当時、マグロの頭やワタやシッポは商品にしないので、市場にゴロゴロと転がっていたというが、船頭の安さんは乗組員に「ワタ、拾ってこい！」と言いつけて、魚のつまみとして拾い集めた。マグロの皮は鱗を落としてから、タンザクに切って、三杯酢で食べたものがとくに美味しかったという。

ウミガメやマンボウはカツオ船で、大漁の縁起物としても捕って食べたものだが、そのほかにカツオ以外の魚も捕ることがあった。カツオと混じってシイラを釣った場合は、その釣った者の小遣いになった。カツオを捕らないで、シイラばかり釣っている若い者もおり、シイラの値が高くなるにつれ、その慣例は止めた。シイラは、別名マンビキとかトーヤクと呼ばれるが、安さんによると、北緯四〇度を過ぎるといなくなる魚だという。シイラは、カブラ（擬餌針）で釣り上げるが、水温の低いところのシイラ、とくに「東沖」（三陸沖）の秋口に釣れるシイラが、身がきれいで脂がのっており、一番美味しかったという。刺身・天ぷら・塩干し・ツミレ汁、それから味噌汁に入れて食べた。また、ワタやシイラの仔と塩を入れた塩汁は最高であったという。シイラの仔は、臭みがなく、甘味があり、コリコリ感があって、カズノコよりおいしかった。

また、三陸沖ではバカイカ（アカイカ）を釣った。「日が暮れたぞ、釣れ！」という合図で、イカツノ（擬餌針）を用いて、カツオ船の明かりに集まるイカを釣ったが、後にイカ釣り船から苦情が出たので、これも止めた。バカイカのワタは、砂糖を入れた醤油で食べ、甘皮を湯がいても食べた。安さんは台北《タイペイ》沖でもイカの大群に遭遇し、当初はハエ（岩礁）だと勘違いをして船を避けようとしたが、そのイカを大漁して高知港に水揚げした経験もある。

三陸では、サンマもオカズとしても捕ったが、カツオ六本とサンマの水揚用の魚カゴ一杯と交換できた。船に冷凍機を入れてから、カツオだけでなく、このオカズ用のサンマも冷凍にしたが、どちらも捕りたてよりも、冷凍で二～三日経った魚のほうが旨みが増すという。三宅島付近では、アカハタも捕り、これは味噌汁の具にした。土佐でアカバとかアカボウ（土佐清水）と呼ばれる魚で、小田原では値が良く、勝浦では相手にしていない魚であった。

昭和四五（一九七〇）～四六年ころには、釣糸を付けたイワシを板の上に乗せておいてウミネコも捉えた。毛をむしってから煮て、醤油を付けて食べた。

田子（静岡県西伊豆町）ではイルカを、宮古島では、蛇の蒲焼、蛙のヒラキの肉、スズメのヒラキも食べた。三陸ではホヤも食べたが、ホヤを食べた後に水を飲むと甘く感じるので、「女川の水はおいしい」などと言われた。安さんにとって、このホヤは今でも大好物である。この「女川の水はおいしい」という一種のタトエは、気仙沼地方でも伝えられている。

食事と共に排せつのことも触れておかなければならないだろう。便所は以前、トモの方に、丸く尻が入るくらいの穴があり、そこに尻を入れて大便をした。「波がケツを撫でていった」というから、現代でいえば、温水ではないが、洗浄便座ウォシュレットのようなものである。しかし、食事の時間が同じであれば、だいたい排せつの時間も等しくなり、このトイレは行列ができて込み合うことになる。そのために、トリカジであれオモカジであれ、風下側にロープを張り、何人かがそれを握って船から落ちないようにしながら、一列に並び、お尻を出して、一斉に排せつをしたこともあったという。

大漁祝いと大漁旗

第十一順洋丸の時代、四五トンを釣ると満船になったが、「大漁祝い」の基準は、以前は漁期に入ってから一千万円の水揚高に達したときに「万越し祝い」と称して行なわれることが多かった。そのときには、旅先の港へ大漁旗を上げて入港して、飲食店を借り切ってお祝いをしたという。後には一漁期で一〇トンや二〇トンを水揚げして一千万円になることもあり、そのときにも、同様に祝うようになった。

安さんが一番に大漁をしたときは、第十八順洋丸の船頭時代で、一度に四五トンのカツオを釣り上げたときである。

新造船のお祝いに贈られた大漁旗

大漁をして、カツオを他の船などに上げるときは、運や「シア（ワ）セ」が逃げないように、カツオの尻尾をガチガチかじってから渡した。安さんは、よく先輩たちに、他の者に渡すカツオは「尻尾、かじっておけよ！」と言われたという。一度かじれば、「食べた」という意味になり、他にシアワセが渡らないからである。

大漁旗はフラウとか「フライ旗《き》」とも呼ばれるが、新造船のときに、船の関係者やシンセキから贈られるものである。船には五枚ほど置いていたが、自分の家でも家紋を染めた旗をつくり、これは「紋旗《ブラウ》」と言って、船には積むが、船上に立てることはしない。大漁をしたからといって旗を上げるということはなく、むしろ餌入れのときに旗を上げる。全国のカツオ船のなかで、餌場に向かうときや餌入れをしているときなどに、大漁旗を上げるのは、高知県の船だけである。また、正月を迎えるときにフナダマ様をお祀りした後に、日の丸、紋旗、大漁旗をマストに上げている。この大漁旗は、洗うものではないと言われた。船に置いておくときも、きれいにたたむものではないと言われた。

第十八順洋丸の船下ろし（1981）

　久礼八幡宮で毎年カツオ漁の漁期初めに行なわれる「出漁祈願祭《さい》」、切り上げ後に行われる「結願祭《けちがんさい》」には、船に積む大漁旗が祓われる。現在は、四万川《しまがわ》の龍王様（高知県檮原《ゆすはら》町）の祭日（四月二九日）に参詣するときにも大漁旗を一枚持っていき、祓ってもらうカツオ船の関係者が多い。その大漁旗は船には積まないで、船主の家の床の間に祀ったりして大事に扱っている。龍王様の信仰は、昭和四〇年ごろにカツオ船が約四〇トンクラスになり、大型化するにしたがって生まれてきたという。

不漁のときのマンナオシ

カツオ一本釣り船は、同じ漁場に隣り合わせでいても、漁をする船としない船とに分かれることがある。安さんの日記には、そのことをよく表しているところがある。

「群に多数出会うがなぜか餌付がない。各船は群に入るとボツ（少し）釣るが、本船は餌付が悪く釣れないとの事。○○先生にtelする（18時頃）。良い所に居る。漁が出来ないのがおかしいとの事。次第に良くなるので頑張れとの事。お大師さまを信じて乗組員一同、心一つに頑張れば大漁出来る。もうすぐ調子は上向くとの事」（02/9/27）

安さんによれば、不漁のときは、「落し物」かネイヨのどちらかが原因することが多いという。「落し物」とは、カシキなどが包丁やタワシ、食器などを落としたことをいう。漁が少なくなったりすると、船頭などから、船員が「何か落し物をしなかったかと」と問われることがあるという。包丁などを落としたときのハッとした気持ちがよくないと、上ノ加江《かみかえ》（中土佐町）の善賢寺の住職から教えられた。その寺でお札を書いてもらってから、海にあます（流す）ことをする。漁期中で離れているときは、以前は公衆電話から家に電話で連絡をして、留守家族が寺から祓ってもらうこともする。このことを「シアセ直し」ともいう（注1）。

ネイヨは、船上で水揚げされないで目に触れないところにいるカツオのことを指す。乗組員がそれを探してみると、考えられないところに入っていることがある。ネイヨを見つけたときは、塩で祓い、包丁の目を入れて刻み、「食べました」という意味で海にあました（流した）。この後、必ず大漁するのが不思議であったという。

旧暦八月一四日の夜明け前に、久礼八幡宮様の祭礼で燃やされた御神火《ごしんぴ》の燃え残りも、安さんが現役時代には船に送ってもらっていた。不漁などのコトがあったときは、これに火を付けて、トリカジ↓オモテ↓オモカジ↓トモ↓トリカジの順番に右回りに祓ってあるくこともした。

また、ある日、不漁が続いてしかたがなかったときに、祈祷師の方に相談してみたところ、オフナダマの首が折れているかもしれないから、ご神体を確かめてみなさいと言われたことがあっ

御神火の燃え残りを拾った
青井安良氏（10.9.21）

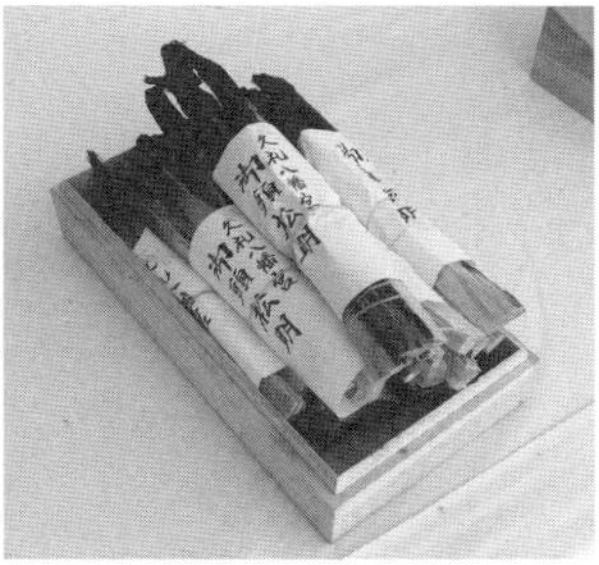

松明（タイマツ）が来た翌日
に売り出される「御頭松明」
（10.9.21）

た。安さんは、口に白紙をくわえ、祀られているホゾ穴の蓋を開いて、初めてフナダマ様を拝見したことがあるという。フナダマ様のご神体は、男女の人形と髪の毛のようなものが込められていたというが、そのときは、首は折れてはいなかった。

注1　「シアセ」は「幸せ」のことではなくて、文字で表現するとすれば「仕合せ」に近いニュアンスでもって語られている。漁運に近い言葉であろう。

「第二の故郷」気仙沼へ

平成一〇（一九九八）年と一一（一九九九）年の第十一順洋丸の水揚港を調べてみると、一〇年の六〇航海のうち、千葉県の勝浦港二三回、宮城県の気仙沼港が二六回、その他の港の五港が一一回であった。翌年の一一年では、五七航海のうち、勝浦が一五回、気仙沼が二七回、その他が一五回であった。ほとんどが勝浦と気仙沼に二分されており、気仙沼港の割合が高い。その他の港である銚子、中ノ作（福島県いわき市）、石巻などは、以前は入港していたが、現在は巻網船中心の水揚げ港になっている。

土佐のカツオ船団が、気仙沼へ入港するようになったのは、昭和四五（一九七〇）年ころからである。安さんも、気仙沼港を拠点とするようになったのは、昭和五十年代に入ってからであった。しかし、昭和五一（一九七六）年の高知船の水揚港の一位は千葉県の銚子港で、那珂湊（茨城）・高知（高知）・中ノ作（福島）・勝浦（千葉）・土佐清水（高知）・小名浜（福島）・小田原（神奈川）の次の九位に気仙沼が出ている（注1）。塩釜・女川・釜石などの港も、その後続いているが、カツオ船が大型化して速力も付くとともに、三陸を漁場とするようになった。そして、漁期も一一月末まで延びていった。

安さん自身が、漁場を選定するに「自分は他の船頭より〈北〉が好きだった」と語っているように、漁場を北へと延ばしていった。親潮と黒潮が接する北の際(きわ)を求めていったのである。サンマを追っているうちにカツオに当たることがあり、北限は岩手県の山田沖でもカツオを釣っている。秋口の下りカツオは餌をまくと、すぐに漁があったという。安さんの時代は、漁場の選定に関しても、船頭の個性や好みが発揮されたのである。

その北の漁場の本拠地でもある気仙沼港は、カツオの漁場に近いだけでなく、近辺の志津川（南三陸町）や広田湾（陸前高田市）などに、餌イワシを得ることができる良い「餌場」があることも、便利な港であった。水揚げ後、すぐに餌入れをして漁場に向かうことができるからである。

水揚げはそのときの浜値の相場によっては、早くに入港するだけではない。二番目に入船したカツオの値が高いときもあり、そのときは魚市場からは陰になる大島瀬戸のあたりで待機することもあったという。水揚げ港は船頭たちの情報交換の場所にもなる。以前は、船頭たちが気仙沼港に入港すると、水揚げの指揮はとらずに、魚市場の二階に集まり、酒を飲んだりしたという。

安さんの気仙沼の印象は、カツオ船の船員を温かく迎えてくれること、親戚でも来たように親しく接してくれること、そして、船頭仲間や迎え入れてくれる人たちと楽しくお酒が飲めることであった。船員たちの八割は、パチンコへ行き、勝っても負けても帰りは酒を飲んでくる。サウナにゆっくりと居る者もいる。要するに、気仙沼は保養の港でもあった。

乗組員へは「菜魚代《さい》」と呼んで、一航海ずつ一万円をオカで使う小遣いとして与えるが、七万円を過ぎると配当から引かれる。航海ごとにいただくわけだから貯金ができるくらいに増える場合もあった。主に高知県のカツオ船に使われている慣例である。

寄港地でお酒を飲んで船に戻るときに気を付けなければならないことがある。船に帰ろうとして、あやまって海に落ちてしまうことがあるからである。船がトモ付けで歩み板を渡って帰るときより、横付けしているときのほうが、気がゆるんで落ちてしまうことが多い。安さんも、銚

気仙沼港に水揚げする現在の順洋丸（14.8.29）

気仙沼の魚市場に揚げられたカツオ（1995）

子・那珂湊・気仙沼の各港で一回ずつ三回、海に落ちたことがある。回りに仲間がいたので、ロープにつかまって何とか助かったという。

安さんによると、船上の食事は魚が中心なので、オカに上がると天プラやトンカツ、焼肉などを食べたくなることが多いという。「気仙沼ホルモン」は、ホルモンをウスターソースに付けたキャベツと共に食べる料理だが、この料理も一説によると三重県の漁師が伝えたと言われる。

また、この気仙沼は、現在でも魚問屋が十分に機能していることも、水揚げ港として選ばれる大きな理由である。その魚問屋のしくみについて簡潔に述べている文章を引用しておく。

「漁船は漁を終えて気仙沼に入港する前に、魚問屋にまず販売の委託と漁獲量の報告を入れる。それを受けた魚問屋は、水揚げの段取り（入港、接岸、漁獲報告、水揚げ）を行ない、計量後に魚市場（漁協）が魚を引き受ける。この後、落札された魚が買受人に引き渡され、料金は二週間以内に漁協へ納められる。漁協は手数料（口銭）を引いた水揚金を魚問屋に入金し、魚問屋では仕込み業者への立替金や手数料を引いて船主に送金する」（注2）

仕込み業者には、造船、鉄工、電気、無線、食品など多岐に渡るが、要するに、素性の知れない他県の漁船に対して「信用」を与えるのが、魚問屋の役割という。その他に、船上で怪我や病気をした者を引き受けて対応をしたり、最悪の場合は海難事故にも一肌脱ぐという。安さんの話では、乗組員が気仙沼市内で飲んでいて、土地の荒くれ者と小競り合いをした場合などに、力のある問屋は調停してくれるので、そのような問屋を選ぶものだという。安さんも、先代の漁労長

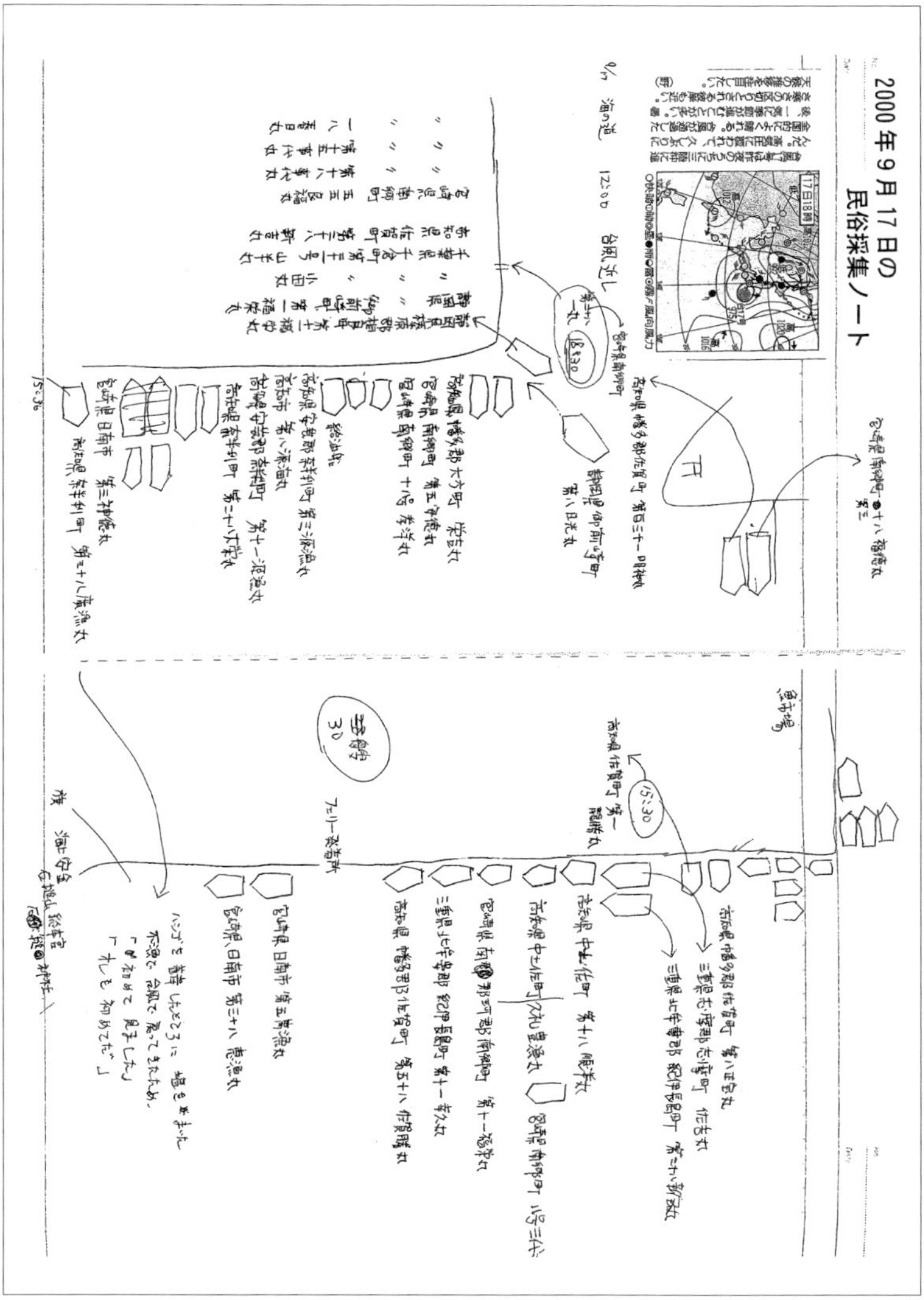
2000年9月17日の民俗採集ノート

の時代から、勝浦と気仙沼には特定の問屋を通して水揚げをしている。

気仙沼港に初めて他県のカツオ一本釣り船が入港したのが、大正五〜六（一九一六〜一七）年に来た三重県の尾鷲の船であったという。魚町に船宿（問屋）があって、このような他県の船のことを「廻来船」と呼んだが、気仙沼の小野寺健之助は、このころから三重の港を訪ねあるき、漁船誘致の先駆けとなり、現在も魚問屋を続けている。気仙沼は大正期から、現代に見られるような「魚を買わない」問屋を確立させていた（注3）。もちろん、加工まで行なう「魚を買う」問屋も、問屋仕込制度とともに以前からあったことは、いうまでもない。

また、気仙沼港はもう一つ、三陸沖を台風が通過するときの避難港でもあった。台風の季節には、沖で操業していたカツオ船が次々に港に入り、あたかも往年の魚市場を思い起こさせるような賑わいになる（前頁の私の「民俗採集ノート」の台風時のメモ参照）。安さんにとっても、船に乗っていて一番恐ろしいと思うことは時化や台風であったという。

注1　高知新聞社編『黒潮を追って』（土佐鰹漁業協同組合、一九七八年）一八〇頁
2　金菱清「「海との交渉権」を断ち切る防潮堤—千年災禍と日常を両属させるウミの思想」（同著『震災メメントリ　第二の津波に抗して』、新曜社、二〇一四年）一五一頁
3　『気仙沼魚問屋組合史　五十集商の軌—港とともに』（気仙沼魚問屋組合、二〇〇一年）三八〜三九頁

カツオ漁期が過ぎてから

現在は漁期が長く、年間で六〇～七〇航海するが、以前は二〇航海くらいであった。カツオ船の冷凍設備が整っていくことで、オカとの距離が遠い三陸漁場での操業が可能になり、終了期が九月から一一月ころへと延びていった。当初はあまり三陸の方へは行かずに、盆に久礼に戻ってきてからは、南の鹿児島沖や新島や八丈島などの伊豆諸島でヨコ（マグロの仔）を釣ったりしていたという。

そして、一一月三日の町民運動会までには終了して戻ってきた。お土産はスルメイカ（アカイカの大きなもの）やサンマと籾殻の入ったリンゴ箱が多かった。

その後の冬期の漁としては、カツオ船が五〇馬力・一四～一五トンの、一四～二四人乗りのポンポン船（焼玉エンジン）のころは、冬期は足摺岬の方でメジカ（ソウダガツオ）を釣っていた。メジカを釣るときの餌はキビナゴが主であり、湾内のイケスカゴに活けておいたものを積み込んで行った。また、塩漬けにしたシラサ（ドロメ）に塩を混ぜたソーメンをからませて、それを投げ餌としたこともあるという。メジカは他に、潜航板のような板を用いて、曳き縄で釣ったこともあった。他には、愛媛県の深浦で、一〇月～一二月まで、トラフグを捕っていたときもある。フグは山口県下関市の南風泊《はえどまり》に上げたが、安さんはフグの料理の方法もこの乗船で覚えている。

また、三～四人や七～八人の友達で組んで、一〇月から正月までは、伊東船籍の船の忠四郎丸でムロアジのボーケ網船に乗ったこともある。安さんも一八～二一歳までの四年間はムロアジ漁に出ていた。

「下田行き」といって、カツオ船などから久礼に戻ってきた人たち二〇人くらいで、冬に下田に行ってメジカを釣りにいったこともある。小さな船に三〇人くらい乗り込み、夜に寝るときには、米櫃の上に小さくなって膝を抱えて寝たという。

安さんが船頭になってからは、戻ってきてからの漁として、一〇月から翌年の二月までは、ウツボ漁やウルメイワシ、タチウオなどの漁を、小型船の「第二青井丸」（一・八トン）で父親と兄弟三人で行なっていた。

ウツボ漁の漁法はカゴ漁で、カゴ五〇本くらいを用い、餌はサバの切り身を用い、カゴとカゴのあいだは三〇メートル、幹縄に縄でカゴを吊るして延縄《はえなわ》漁のように岩礁に下ろしていった。ウツボは干物にするか、切って油で揚げるか、煮こごりでも食べた。

ウルメ漁は釣り漁で、宇佐地方から入ってきた漁法である。基本的には延縄漁と同じで昼の漁であった。漁場は土佐湾中心で、愛媛県の宇和島の入口まで行ったこともあるという。

家の正月・船の正月

久礼では、昔から一二月三一日に「正月様」を飾っている。家のオカザリ（祀り物）は、重ね餅を神棚・仏壇・炊事場・事務所の机などに置いた。家のオカザリの後、船へ行き、オカザリをした。船には、鏡餅をフナダマ様に供え、重ね餅は、操舵室・アッパーブリッジ・機関室・炊事場・風呂場・便所・無線室・活魚槽・ヤリダシ（船の先）に、シダの葉とワカバを下に置き、小さな餅を飾る。そのときに一緒に輪ジメを置く。

以前、青井家のオモヤ（本家）のオソナエは、三段に白色・茶色・ヨモギ色の角餅を並べて敷いた上に丸餅を乗せ、さらにその上にミカンを乗せたものだった。正月中は、中に餡の入った丸餅を食べたが、神様に上げる餅は角餅であった。

正月二日は「乗り初《そ》め」で、以前は乗組員が集まって宴会をしたが、今は行なわれていない。ただ、この日の朝は竹を伐ってきてから、八幡宮の前で海水に漬けて祓った後、午後にはその竹に家族でタンザクを吊るして、家の前に立てている。立てた後は、家の神様を拝んでから、住吉神社、海津見《わだつみ》神社、エビス神社に参拝してから、また家の神様を拝む。船にも同様の竹を立てている。

次は、二〇〇六年一月二日の乗り初めの様子を描いた安さんの日記である。

竹を一度、塩水に浸す（14.1.2）

タンザクで飾った竹を立てる（14.1.2）

「今日は朝の内に乗ぞめの竹を切りに行く。おかざりは潮が満ちてくる13時30分より行なう。竹に短ザクをかざり立上げる。えびす様、住吉サマ、海津見さま、龍王サマの参拝も無事、2時22分に終る。航海安全、大漁満足、漁業繁栄を祈願する」（06/1/2）

正月のオカザリは、一月四日の「〆《しめ》くり雑煮」を食べてから下げる。この下げたオカザリは、正月一四日に「左義長《さぎちょう》」と呼ばれる「お焚き上げ」で納める。

以前の久礼の正月は、どこの家でも、飼っていた鶏の首をしめて、毛をむしり取り、カシワにしたり、醤油と煮込んで食べた。鶏は久礼の浜でしめるので、浜は鶏の羽根でいっぱいになり、雪が積もっているように見えたという。

正月には遠方の寺社への参詣も欠かさなかった。正月四日には、夫人と子ども三人を引き連れて、久礼を朝の四時ころに車で出発して宿毛《すくも》港まで行き、そこからフェリーに乗って大分県の佐伯港まで渡り、南下して宮崎県の鵜戸《うと》神宮へ参拝、帰りには別府温泉に一泊してから帰宅するコースであった。

旧暦の正月には、「ヨシオサン」という行事があるが（一五～一七頁参照）、この日は、ヨシオサンが始まる前に、住吉神社の奥の寂しいところまで行って、そこで青年団の入団式をした。ローソクを灯して持ち、一升瓶を下げて登り、そこでお祀りしてから、酒を酌み交わした。

青年団は一五～一六歳から二三歳まで加入して活動をした。団長は二～三年が任期である。団長・副団長・幹事・会計・団員などの階層があった。当時の青年団には、日常的な役割などはなく、久礼の神社の祭礼やヨシオサンなどの年中行事に関わることが大半であった。たとえば、八幡宮大祭や天神様、エビス様の祭りのときの竹練りの奉納、住吉様、海津見様の祭りの幟立てなど、団員が集まり、そのときの役割を決めていた。

出漁まで

『ぶらり日本名作の旅』は、一九八六年一〇月から一九九一年三月まで、日本テレビ系列局で放送された紀行番組である。珍しく漫画を扱ったのが、青柳祐介（一九四四〜二〇〇一）の『土佐の一本釣り』（一九七五〜八六、小学館）であり、舞台となった久礼を歌手の麻丘めぐみが訪問するという回があった（「青柳祐介　土佐の一本釣り〜高知・久礼への旅〜」）。安さんはもう四十代に入っていたが、この番組にも第十八順洋丸と共に出演している。

出漁前日の晩に、麻丘が「いかがですか？　今の気持ち？」と尋ねた質問に、安さんは次のように答えている。

「まあ、さみしいというか、うれしいというか、悲しいというか」

「毎回〳〵、そういう気持ちになりますか？」

「そうですね。やっぱり、行く前の日より、二〜三日前のほうが、ずっと気持ち的には、さびしいという感じやね」

いよいよ出港するというときに、船の上から麻丘めぐみと二度も握手をする安さんの少年のように純真な笑顔と、船の甲板を上下に身軽に移動しながら、見送りの者たちに大きく腕を振っている姿が印象的であった。

安さんによると、出漁前日や当日は、漁に対して勇む心でいっぱいで、家族から離れる寂しさは薄くなっているものだという。前日の晩の、「さみしいというか、うれしいというか、悲しいというか」という表現は、そのことを物語っている。

久礼のカツオ一本釣り船では、出漁の日の朝には、船上に宮司が乗ってフナガミ（フナダマ）様が祀られているブリッジ（船の指揮所）でオマツリ（お祓い）をした後、エンジン場やヘ（舳先）やトモも祓った。その後、船主や船頭などが、八幡様、天神様、住吉様、海津見様、弁天様、お観音様、エビス様に、塩と米、お神酒を上げながら参拝するが、そのときに用いたお神酒の残りは、出漁時の船に積んだ。

また、以前の出漁の日には、シオがオカに向いてきた満潮時（込み潮）にシオを汲み、その塩水で船全体を洗ったものだという。とくに、ヒキシオのときに出ていかなければならないときには、先にこのようなことを行なった。安さんの出漁前日の日記に「明日の朝は早朝に参拝に行く。来る潮もくみとりお供えをしておく」（06/3/2）とあるのは、このことである。

いよいよテープを持つ見送り客のいるオカを離れると、先に船上から八幡様を乗組員全員で拝む。次に、トリカジ回り（左回り）に三度回った後、少し沖に出てから双名島の前で拝み、さらに久礼湾の南側に位置するエビス様に向かって拝してから、いよいよ海上を目指して、久礼から去っていく。エビス浜のエビスの祠は、その浜にいた四～五軒の家が対岸の鎌田に戦前に移転してからは不明であるが、今でも慣例として船上から拝んでいる。

2014年の順洋丸の出港

双名島の手前で拝礼する

船から久礼八幡宮を拝む直前には、船頭がお神酒を船べりに沿って、ヘサキからオモカジ、トモと右回りに回って注ぎながらヘサキまで戻った。つまり、出漁の際には、船は左回りに動き、船上のお神酒は右回りに動いている。ただし、操業が始まり、餌を積み込んで出漁するときにも、お神酒を船べりを回りながら捧げるが、このときも、トリカジから出発し、ブリッジの下↓ヘサキ↓オモカジ↓トモと右回りに動き、出発点のトリカジに戻るという。

次の日記は、安さんが初めて船頭を下りて餌買になった年の出漁の様子であり、万感の思いが込められている。安さんが四一年間、見送られる立場であったのが、初めて見送る立場で見た出漁が描かれている。

「今日いよいよ出漁日、朝の内は雨が降る。昼よりくもり、雨もやむ。海も凪でいる。上等の出漁日になった。12時。最後の食料等つみ込む。家において出漁の祝も少々する。船頭始め今年は頑張るとの決意。新たに13時30分、船に行く。八幡様を船頭とともに祈る。航海安全と大漁と祈願する。乗組員も段々に集まる。14時、出漁の音楽が鳴り出す。いよいよ今年のたたかいが始まる。乗組員全員、集合する。見送り人も大勢きてくれた。17時、西の空より陽が差す。出漁を、大漁を、航海安全を天も祝ってくれている様に太陽の光が船にふりそそぐ。出漁。18順洋丸、静かにガンペキを離れる。イカリを上げ、八幡様〜弁天様、住吉様、海津見様、エビス様に参拝。出漁の汽笛とともに一路、浦賀餌場まで出漁だ。3日に浦賀餌イレ、今年の鰹漁に頑張って出漁を、大漁祈る。自分は明日、浦賀へ行く」(02/2/28)

この日記の文章より的確に、しかも思いを込めて「出漁」の様子を描くことは難しい。

平成二五(二〇一三)年一〇月一九日に気仙沼市南町で開催された「気仙沼とカツオ」という講座〈みなとのがっこう〉で、ゲストとして招かれた安さんは、その懇親会の席上で、仙台在住の直木賞作家の熊谷達也氏から「なかなか答えにくいと思いますが、カツオ船に乗っていて、辛

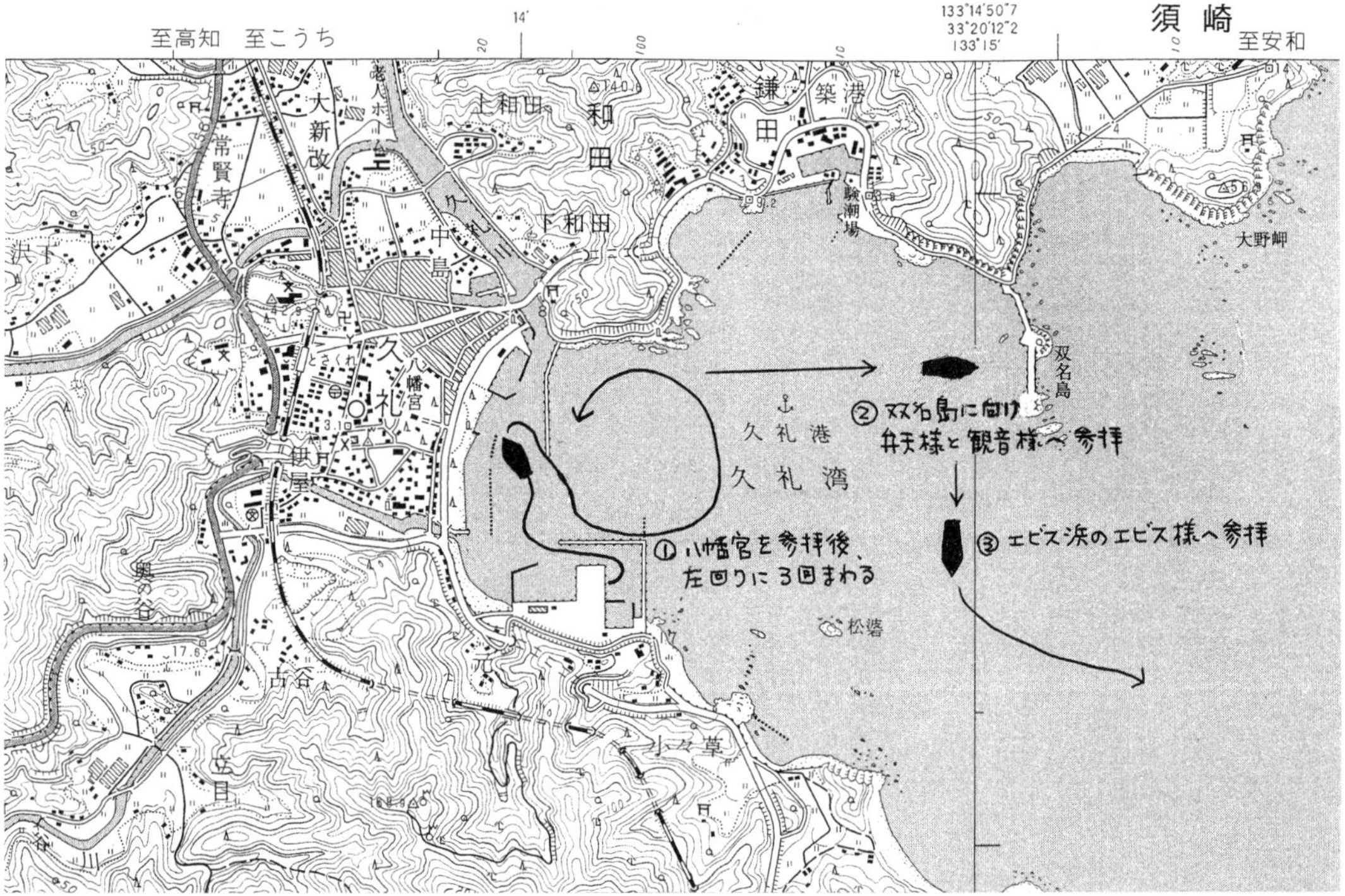

出漁のときの船からの参拝

国土地理院発行1/25000地形図「久礼」より抜粋編集

いなぁと思ったことと、これは乗っていて良かったなぁと思ったこと、何かありますか」と質問されたことに対して、次のように答えている。

「辛いことはね、辞めるまで辛かったけど、やっぱり漁がないことが一番辛い。漁があればね、みんな、結局、船の仲が良いし、漁がないときはね、みんなギスギスしてね。やっぱり船の中の和《なご》みができるということは、一番、漁する格率が強いんですよね。漁がないときは、自分は酒飲んだけどね。

一番辛いことというたら、いろいろあるけど、振り返ってみたらね、辛いことが楽しかったかなぁと思う。苦しいことに、あー、もう辞めたいと思ったこと、何回もあるけどね、それがまた、ちょっと裏返して、漁があったら、やって良かったと。辛いことがあったら、いつの先かわからんけど、必ず楽しいことがある。そんなこんながなかったら、なかなかやっていけん、どんな人生でもね。」

幸と不幸はあざなえる縄のごとしという、これほど明快で深い生き方はないであろう。その具体的な様子については、次章で展開してみたい。

Ⅳ

「餌買日記」に描かれたカツオ漁

──餌買の旅を追う

はじめに

高知県高岡郡中土佐町久礼のカツオ一本釣り船の元船頭である青井安良氏から一時寄託をしていただいている自筆の横書きのノートは一三冊あった。これらのノートは二種類に分かれる。一つは、昭和四七（一九七二）年三月八日から昭和五七（一九八二）年五月一一日まで記された六冊の「漁況日誌」（「航海日誌」）、もう一つのグループは、平成一三（二〇〇一）年一二月一日から平成一八（二〇〇六）年四月二八日まで記された七冊の「餌買日記」である。もちろん、このあいだにもノートは書かれていたはずであるが、現存していない。先に紹介した、およそ一〇年間にわたる「漁況日誌」にも昭和五一年分の漁期が欠けている。

前者のグループを「漁況日誌」として括った理由は、六冊のうち三冊までが、同題を表紙に書いているからだが、ノートの内容も、一貫して毎日の漁の様子と、他の高知県のカツオ一本釣り船の水揚トン数と漁船の位置（緯度・経度）、漁場の水温等がびっしりと列挙されている。これは当時、高知県の宇佐にあった無線局によって交信された情報を記したものである。

もう一つのグループである「餌買日記」の方は、表紙に「日記帳」と記された一冊があるだけで、他は表題が記されていない。また、平成一五（二〇〇三）年一一月一一日で終えたノートの末尾には、朱書きで「この帳面日誌、一一月一一日で終わる。次の帳面に移る」と書いてあるから、本人は「日誌」としても捉えていたことが分かる。しかし、書かれている内容を見ると、カツオの餌イワシの餌場の地名や量、値段などの数量的な情報（「日誌」）だけでなく、日記としても書かれている。

　青井安良さん（以下、「安さん」と表記する・注1）は、昭和三六（一九六一）年に一五歳でカツオ一本釣り船に乗り、平成一一（一九九九）年の不慮の怪我で、二年後の平成一三（二〇〇一）年の漁期をもって下船するまでの四一年間、毎年、平均九カ月間は主に海上で生活してきた。船頭（漁労長）になったのは二六歳のときで、下船するまでの二八年間、現役の船頭を務めてきた（注2）。下船後は「餌買《えさかい》」になり、ノートに日記の文体で書き始めるが、そのために本稿では「餌買日記」と呼ぶことにした。安さんが船頭としての最期の漁期であった二〇〇一年は、「船員手帳」によると、一一月二九日に久礼港で下船している。遺されている「餌買日記」が同年の一二月一日から始まっていることから考えると、心機一転してオカからカツオ船を支える覚悟のようなものが感じられる。あるいは、乗船することができなくなった船へのどうしようもない思いが、日記という形態を借りながら、自己へと向かい、自己と語り合うことに

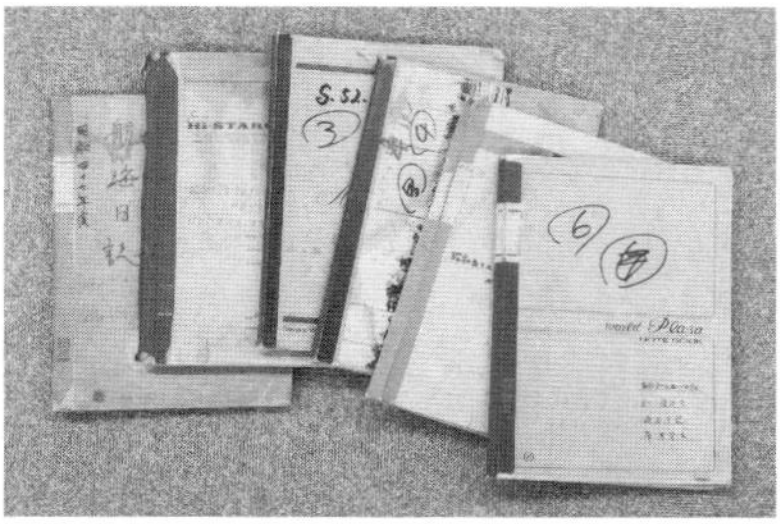

青井安良氏の６冊の「漁況日誌」

７冊の「餌買日記」

青井安良氏「餌買日記」目録

No	表　　題	期　　間
1	（なし）	平成13(2001)12.1～12.31
		平成14(2002)1.1～11.28
2	（なし）	平成14(2002)11.29～12.31
		平成15(2003)1.1～11.13
3	日記帳	平成15(2003)11.14～12.31
		平成16(2004)1.1～5.15
4	（なし）	平成16(2004)5.15～12.31
		平成17(2005)1.1～1.22
5	（なし）	平成17(2005)1.23～9.10
6	（なし）	平成17(2005)9.11～12.31
7	（なし）	平成18(2006)1.2～4.28

青井安良氏「航海日誌」目録

No	表　　題	期　　間
1	航海日誌	昭和47(1972)3.8～10.14
		昭和48(1973)3.5～10.17
2	漁況日誌	昭和49(1974).3.6～10.10
		昭和50(1975)3.5～10.1
3	漁　　況	昭和52(1977)2.22～9.22
4	漁　　況	昭和52(1977)9.23～11.1
		昭和53(1978)3.1～7.17
5	漁況日誌	昭和53(1978)7.21～10.27
		昭和54(1979)3.6～11.2
		昭和55(1980)3.6～6.7
6	漁況日誌	昭和55(1980)6.8～11.10
		昭和56(1981)3.12～10.30
		昭和57(1982)2.4～5.11

「餌買日記」における餌買いとカツオ水揚げの事項（2003年）

	航海数	水揚港	水揚量（トン）	単価（円）	水揚高（円）	滞在地	餌入地	餌量（杯）	支払金額（円）
3月2日						垂水			
3月3日									
3月5日							垂水	135	567,000
3月6日	1	鹿児島	4.2	625	265,000		垂水	65	273,000
3月8日						久礼			
3月12日	2	鹿児島	5						
3月15日						垂水			
3月16日	3	鹿児島	7.5(陸送)				海潟	110	
3月19日	4	鹿児島	8.2	180	1,500,000				
3月22日						久礼			
3月23日	5	尾鷲	8.2	193	1,600,000				
3月24日							由良	86	600,000
3月25日						久礼			
3月26日	6	山川	200k(陸送)						
4月1日						浦賀			
4月2日	7	御前崎	8.4	115	970,000				
4月3日							浦賀	135	576,000
4月12日						沼津			
4月13日	8	沼津	7,6	588	2,150,000		沼津三津	140	
4月14日						浦賀			
4月23日	9	勝浦	4.2	678	2,000,000				
4月27日	10	勝浦	5.4	588	3,150,000	田辺			
4月29日							田辺	104(ヒラ1.5匁)	
4月30日						久礼			
5月2日	11	船形	3.4	444	1,520,000				
5月5日						浦賀			
5月6日	12	勝浦	16	51	820,000				
5月11日	13	勝浦	8.164	243	1,962,000		浦賀	184	800,000
5月15日	14	沼津	5.4	327	1,790,000		田子	135	567,000
5月19日	15	勝浦	5.2	233	1,170,000		浦賀	150	
5月20日									800,000
5月26日	16	勝浦	7.7	345	2,450,000				
5月29日	17	勝浦	8.2	420	3,450,000		館山	170	850,000
5月30日									
5月31日	18	銚子	4	277	1,250,000				
6月3日	19	御前崎	5.2	312	1,640,000				
6月4日	20	勝浦	3.9	336	1,310,000				
6月8日	21	沼津	12	236	2,900,000		田子	110	660,000
6月12日	22	勝浦	4.2	300	1,20,000		浦賀	130	
6月14日	23	那珂湊	6.9	149	1.030,000				
6月16日	24	勝浦	12.5	120	1,500,000				
6月20日	25	勝浦	6.2	185	1,500,000				

6月23日						石巻			
6月28日	26	気仙沼	5.3	225	1,250,000		牧ノ浜	77	
6月30日									300,000
7月2日	27	中ノ作	9.155	169	1,550,505				
7月4日								58	341,040
7月8日	28	気仙沼	8.8	120	1,070,000				
7月9日							牧ノ浜	45	
7月12日	29	那珂湊	4.1	290	1,200,000			70	
7月19日						気仙沼			
7月20日						石巻	石巻		
7月23日	30	石巻	3.3	115	380,000		牧ノ浜	28	482,160
							志津川	54	
7月25日									
7月26日						高知			
7月28日	31	気仙沼	22	109	2,450,000		松島	72(3～6匁)	
8月1日						伊東			
8月3日	33	大船渡	9.5	135	1,250,000	石巻	両石	87	
8月4日									
8月6日	34	気仙沼	15.3	140	2,150,000		越喜来	100(1～2匁)	
8月7日									588,000
8月9日	35	気仙沼	5.6	510	2,860,000				
8月10日							牧ノ浜	30	
8月12日	36	気仙沼	6	535	3,860,000	船			
8月13日							両石	77	
						石巻			
8月17日	37	気仙沼	14.5	263	3,810,000		松島	36	
							名振	53	
8月20日	38	気仙沼	6.8	286	1,968,000				
8月21日						高知			
8月22日						久礼			
8月30日						高知			
8月31日						浦賀			
9月1日							浦賀	180(2～3匁)	
9月2日						石巻			
9月5日	39	釜石	2.6	410	1,090,000		両石	40	
9月12日	40	気仙沼	5.5	120	580,000		志津川	61	
9月18日	41	気仙沼	3.5	284	1,000,000		長部	80	600,000
9月21日	42	気仙沼	8.5	632	5,390,000		長部	69	
9月22日									880,950
9月30日	43	気仙沼	0	0	0				
10月1日							松島	50	
10月2日									
10月7日	44	気仙沼	6.3	175	1,100,000		松島	89	600,000
10月15日	45	気仙沼	7.3	471	3,400,000			90	1,000,000
10月24日	46	気仙沼	18	181	3,300,000				
10月25日							志津川	94	
10月30日	47	気仙沼	6.8	391	2,600,000	気仙沼			
10月31日							両石		500,000
11月8日	48	気仙沼	12.9	330	4,280,000		志津川	90	600,000
11月9日								餌料1俵	
11月13日	49	気仙沼	9.5	565	5,400,000		長部	50	294,000
11月19日	50	勝浦	7.8	292	2,280,000		浦賀	130	546,000
11月20日						勝浦			
11月21日	51	勝浦	4.5	200	900,000		浦賀	87	365,400
11月22日						久礼			

「餌買日記」における信仰の事項（2003年）

	本拠地	本人が参詣した寺社	日記で祈願した神仏	留守家族が参詣した寺社
1月1日	久礼	八幡サマ　天神サマ　三社サマ　エビスサマ 住吉サマ　大海津見サマ		
1月2日		住吉サマ　大海津見サマ　エビスサマ		
2月5日		八幡宮（大漁祈願祭）		
2月15日		住吉サマ　海津見サマ		
2月16日		住吉サマ　海津見サマ（旧1/16祭日）		
2月23日		八幡さま　住吉サマ　海津見サマ　弁天サマ カンノンサマ　大津崎エビスサマ（乗組）		
2月28日		竜波切お不動		
3月1日		八幡様（初出漁）		
4月6日	浦賀	叶神社		
4月7日		叶神社		
4月14日		叶大明神　石清水大明神　応神大神サマ		
4月21日				ご先祖サマの墓
4月24日		鶴岡八幡宮		
4月25日			鶴岡八幡宮サマ　叶大明神　神サマ仏サマ 久礼八幡サマ　天神サマ　エビスサマ 住吉サマ　海津見サマ　弁天サマ	
4月29日	田辺	那智さん		
5月4日	久礼	竜波切お不動サマ		
5月6日				竜波切お不動サマ
5月10日				五台山竹林寺
5月14日	浦賀		八幡サマ　天神サマ　エビスサマ　住吉サマ 海津見サマ　叶大明神サマ　石清水大明神サマ 応神天皇サマ	
5月15日			あまてらすの大神サマ　やおよろずの大神サマ 八幡サマ　天神サマ　エビスサマ　住吉サマ 海津見サマ　おいなりサマ　三社大神サマ 全国津々浦々の神サマ　叶大明神サマ 石清水大神サマ　応神天皇大神サマ 竜不動妙サマ　弘法お大師サマ　神サマ仏サマ	
5月16日			船玉サマ　八幡サマ　天神サマ 全国津々浦々の神々サマ　天照大神さま やおよろずの神サマ	
5月18日		叶神社		
5月20日		叶神社　鶴岡八幡神社		
5月21日		叶神社		
5月22日				
5月23日				
5月26日			氏神サマ　八幡サマ　天神サマ　エビスサマ 住吉サマ　海津見サマ　おいなりさま	
6月1日			神サマ　仏サマ　天照大神サマ　八百万の神サマ 八幡サマ　天神サマ　エビスサマ　オイナリサマ 住吉サマ　海津見サマ　弁天サマ　大黒サマ 竜お不動サマ　弘法大師サマ　カンノンサマ 順洋丸の船玉サマ	
6月5日		叶神社		
6月9日			天照皇大神　八百万大神　八幡サマ　天神サマ 三社サマ　おいなりサマ　エビスサマ　住吉サマ 海津見サマ　弁天サマ　こんぴらサマ 竜お不動サマ　弘法大師サマ　津々浦々の神サマ 仏サマ	
6月24日				
6月25日	石巻		龍神弁天大神サマ	
6月29日			龍神弁天大神サマ　神サマ　仏サマ	
7月2日			神サマ　仏サマ	
7月3日		龍神弁天大神サマ		
7月5日			鹿島御児大神サマ　天満宮サマ　八幡サマ お稲荷サマ　愛宕サマ　龍神弁天大神サマ	
7月6日			龍神弁天大神サマ	
7月11日			龍神弁天大神サマ	
7月12日			龍神弁天大神さま	
7月14日			天照皇大神サマ　八百万大神サマ　八幡サマ 天神サマ　おいなりサマ　エビスサマ　住吉サマ 海津見大神サマ　三社サマ　竜波切お不動サマ コンピラサマ　大黒サマ　龍神弁天大神サマ 叶大明神サマ　双名島弁天サマ　カンノンサマ 神サマ　仏サマ	
7月16日		日和山鹿島御児大神サマ 龍神弁天大神サマ　濡仏シャカ如来サマ		
7月17日		龍神弁天大神サマ　鹿島御児大神サマ 濡仏釈迦如来サマ		
7月18日		龍神弁天大神サマ　濡仏釈迦如来		
7月20日		龍神弁天大神サマ	濡仏釈迦如来サマ　龍神弁天大神サマ	
7月23日		牧山神社（お祓い）		
7月24日				
7月29日	久礼	八幡サマ　天神サマ　おいなりサマ 三社サマ　エビスサマ　住吉サマ 海津見サマ　日　サマ		
8月4日	石巻		龍神弁天サマ	
8月6日			龍神弁天サマ　濡仏釈迦如来サマ	
8月14日			龍神弁天サマ　濡仏釈迦如来サマ	

8月15日			龍神弁天サマ	
8月18日			龍神弁天サマ　濡仏釈迦如来サマ	
9月5日		龍神弁天大神サマ　濡仏釈迦如来サマ		
9月6日			龍神弁天大神サマ　濡仏釈迦如来サマ	
9月9日		龍神弁天大神サマ		
9月10日			久礼八幡大神サマ　久礼天神大神サマ 三社大神サマ　お稲荷サマ　エビス大神サマ 住吉大神サマ　海津見大神サマ　双名島弁天様 竜波切お不動サマ　こんぴら大神サマ 四万川竜王サマ	
9月13日			八幡サマ	
9月14日			八幡サマ（旧8/15～16　祭日）	
9月15日			八幡サマ　牧山神社零羊崎大神サマ豊玉姫命	
9月17日			龍神弁天大神サマ　零羊崎豊玉彦命大神サマ	
9月18日			八百万大神サマ　八幡大神サマ　天神大神サマ 三社大神サマ　お稲荷サマ　エビスサマ　住吉サマ 海津見大神サマ　弁天サマ　カンノンサマ 竜波切お不動サマ　コンピラサマ　大黒サマ 四万川竜王様　石鎚サマ　弘法大師サマ　神サマ 仏サマ	
9月19日			八幡サマ	日切地蔵サマ
9月20日			日切地蔵サマ	
9月26日		龍神弁天大神サマ　濡仏釈迦如来サマ		
9月27日		龍神弁天大神サマ　濡仏釈迦如来サマ		
10月3日		龍神サマ		
10月4日			久礼八幡サマ　天神サマ　おいなりさま　三社サマ エビスサマ　住吉サマ　海津見サマ　弁天サマ 竜の波切お不動サマ　弘法大師さま　大黒サマ カンノンサマ　全国の津々浦々　神サマ仏サマ （石巻にしずまります）零羊神社サマ 鹿島御児大神サマ 龍神弁天サマ 濡仏釈迦如来サマ	
10月8日		龍神弁天サマ　濡仏釈迦如来サマ		
10月10日		龍神弁天大神サマ		
10月11日		龍神弁天サマ　釈迦如来サマ		
10月12日				最御崎寺　津照寺かじ取り地蔵 大日如来サマ
10月13日		龍神弁天サマ 牧山零羊崎神　龍神弁天サマ 濡仏釈迦如来サマ		（今日もいろいろお参に行った）
10月17日		龍神弁天サマ		（佐川の方へお参り）
10月18日		龍神弁天サマ　濡仏釈迦如来サマ		竜の波切お不動サマ　清滝寺
10月19日		龍神弁天サマ		
10月21日		龍神弁天サマ　濡仏釈迦如来サマ		竜波切お不動サマ 弘法大師サマ
10月24日				
10月25日			天神サマ　おイナリさま　八幡サマ　三社サマ エビスサマ　住吉サマ　海津見サマ　弁天サマ カンノンサマ　お不動サマ　波切お不動サマ　大黒サマ 金ピラサマ　神サマ仏サマ	お天神サマ（10/24～25 祭礼）
10月26日		龍神弁天サマ　濡仏釈迦如来	神サマ仏サマ	
10月28日		龍神サマ		
10月29日		龍神サマ　濡仏釈迦如来サマ		
11月1日		龍神弁天サマ　濡仏釈迦如来サマ	久礼八幡大神サマ	八幡サマ（おついたち）
11月2日		龍神弁天サマ　濡仏釈迦如来サマ		和霊神社　八十八ヶ所札所めぐり
11月3日				八十八ヶ所めぐり
11月4日		龍神弁天サマ　濡仏釈迦如来サマ		
11月5日		龍神弁天サマ　日和山鹿島御児神社 濡仏釈迦如来サマ		
11月9日		龍神弁天サマ　鹿島御児大神サマ 濡仏釈迦如来サマ		
11月10日		龍神弁天サマ　釈迦如来サマ		
11月11日		龍神弁天サマ		八十八ヶ所めぐり
11月12日		龍神弁天サマ		
11月14日		龍神弁天サマ　鹿島御児大神サマ 濡仏釈迦如来サマ		
11月16日				日切地蔵
11月17日		龍神弁天サマ　濡仏釈迦如来サマ		
11月18日		龍神弁天サマ　釈迦如来サマ		
11月23日	久礼	（吾桑～斗賀野の神サマ仏サマ）		
11月23日		エビスサマ（旧10/20 祭礼）		
12月12日		八幡サマ（結願祭）		

なったものと思われる。安さんは、長らく船頭として乗船してきた順洋丸（第六→第十一→第十八）の船主でもあったからである（注3）。

安さんはオカに上がってからは、それまでのカツオと語り合う生活ではなく、自己と語り合うことになったわけだが、この「餌買日記」が特異な価値をもっているのは、その日記からうかがわれる生活感情だけではない。「餌買」は、ある種の名誉職として船頭など功労があった者が任じられることが多いが、順洋丸の船主という立場でも、日記が書かれているからである。さらに、その残された日記の時代は、船頭の役を思いがけず息子に手渡すという代替わりを経て、次第に順調に水揚げができるまでの、ある種の危機の時代に書き留められている。むしろ、そこには、一見、華やかで勇壮な、船上のカツオ一本釣り漁からは、まったく想像できない別な世界が描かれている。

本章では、元船頭であり、船主であり、「餌買」であった一個人の日記から、オカと強く結ばれ、そのオカから描かれたカツオ一本釣り漁について、簡単にまとめてみたい。とくに「餌買」という職種の実態と、船主側の経営の状況、そして信仰についても述べておきたい（注4）。

第十八順洋丸の二〇〇三年と「船の乗り方」

本章では、七冊の「餌買日記」（以下「日記」と表記する）のうち、主に二〇〇三年の漁期を扱うが、それには理由がある。安さんが船頭として船を下りたのは二〇〇二年の漁期からである。

その年は、雇いの船頭で操業を続けるが、あまり思うような収益が上がらなかった。日記には「船員がバラバラで船頭にはついて行けないとの事。身を引いてもらう様に話をする。本人も了解する」（六月一〇日、以下、年月日は「／」で表記。適宜、句読点を付している）とあり、一五航海目（一航海は出港から帰港までのあいだのこと）という漁期の中途で、新しい船頭を選ばなければならないという異例の事態になった。

第十八順洋丸は、そのとき千葉県の勝浦港にいた。「他の知合の船頭にはそれとなく色々と話をしておいた」とあり、結局は乗船していた当時二九歳の長男を「船頭にしたら良いと皆がいってくれる」（02/6/10）ということで急遽、決断をする。

六月一二日、早朝の雨の中、神奈川県の三崎港（三浦市）から、初めて息子を船頭にして見送るときの日記には次のように書かれている。「03時三崎を出漁する。岸ペキで見送る。何か辛い思いがあるが送る。身がしまる思いだ」。この後、安さんは、数年にわたって、経営を司る船主の立場と息子を案じる父親の思いとの葛藤に翻弄されることになる。そして、二〇〇二年は、一漁期の当初から、長男が船頭として乗る初めての年であり、難なく引き継ぐことができるかどうかの瀬戸際の年であった。

安さんは長男に対して、「途中から交替さして充分な船の乗り方(a)もしないまま船頭としての重責をせおわして悪いと思っている」（02/11/13）と書きつつ、オカから船頭としての器量について叱咤しながら、その思いをそのまま日記に記している。そのキー・ワードとなるのが、日記に何度も表れている「船の乗り方」という言葉である。

たとえば、先に下船した船頭に対しても、「本船は朝より新黒瀬ばかりにおるのでダメ　もっと船を広く乗らなくては(b)ダメだ」（02/4/28）とか、「船の乗り方(c)はデタラメ　もっと調査しなくては駄目だ」（02/6/4）とある。ここで使われている「調査」とは、カツオの群れを探しあるくことを指している。

息子である新しい船頭に対しても、「なんでこんなに漁に当らないんだろう。もう少し考えて船にのれば(d)良いものを。今日も早、給料金も支払い金も来ているのに水揚がないとは。もう少し度胸をもって船を大きく乗れば(e)良いと思う。なさけない」（03/5/17）と評している。「自分だけでは船は乗れない(f)。皆の協力が有ればこそなのに。わかりそうなものだ」（03/6/19）、「自分が乗りたいように船に乗れない(g)」（03/7/12）、「もう少し考えて船に乗れば(h)良いと思うがなんともならん」（03/7/16）、「多《おお》取りヨリ小《こ》取りと云うように、少しでも帰港する時はｔ《トン》数をもってこなくてはダメだ。１発をねらうのも云いが経営的なことも考えて少しでも多く釣り、航海を早くする事も頭に入れて船を乗らなければ(i)船頭としての力量がとわれる事になる」（03/9/12）、「自分の水揚の少ないのを人のせいや漁撈機器のせいにして自分の船ののりかた(j)の反省もない」（03/9/30）と手厳しい。

これらの例のように記されている「船の乗り方」について、安さん自身にそれぞれの注釈を書いてもらったのが、以下のとおりである。

(a) 操船の方法を教えないまま
(b) 漁場を移動して旋回調査をしなくては
(c) 他の船の行動を捉えて、全体を把握すること
(d) 漁場の選択をすれば良いものを
(e) 広い視野を持って船を広く旋回すれば
(f) 乗組員の協力がなければ操業できない
(g) 他船の後ばかりを追って、自分の判断で漁場を選択していない
(h) 自分の判断で漁場を選択すれば
(i) 経済的なことも考えて
(j) 釣果の反省もなく他のことのせいにすること。どのようにすれば釣れるかとの思いもないこと

これらの「船の乗り方」は、通常の会話の中でも使用される言葉であるが、簡潔に説明するとすれば、要するに「操業の仕方」である。ただし、その中には、漁場の見つけ方などの操業技術も含まれるが、どちらかといえば、その船頭自身の判断力、あるいは性格や「人となり」などが強く影響を与えるような領域を指している。

そして、「経営」という言葉が何度も使用されているのも、この二〇〇三年という漁期であった。本章で、この年を採り上げる理由は、以上に述べたような船頭の代替わりによる危機の時代

であるからこそ、カツオ一本釣り漁の経営の本質のようなものが表現されていると思われたからである。

「餌買」の仕事

カツオ一本釣り漁の経営は、水揚額（漁獲量×カツオの単価）から「大仲経費《おおなか》」を引いたものが純利益になる。その利益を船主五〇％、乗組員五〇％で分けるのが一般的である。乗組員の歩合は、船頭が二人前、船長・機関長・通信長が一・八、アミハリ（副船頭）が一・六、冷凍長・コック長が一・二〜一・三、他は基本的に平等に分ける。オカの餌買も一シロいただく。

カツオの単価は水揚げ港の「浜値《はまね》」によって左右されるので、カツオを釣り上げた船は距離が近くて、浜値が高い水揚港を目指すわけであるが、この単価は一定していない。一本釣りの漁師たちは、カツオの群れの有無という自然現象だけでなく、もう一つ、自分たちの力ではどうにもならない経済状況にも左右されているわけである。当面は漁獲量を上げることが第一の目的であるが、先の日記に記されているように、「経営的なことも考えて少しでも多く釣り、航海を早くする事」が必要であった。一航海日数をいくらでも短くすることで回数を多くし、その一つの航海中にできるだけ多くのカツオを釣り上げることが目標となる。先の日記に書かれた「多取りヨリ小取り」とは、一発勝負の大漁をねらうよりは、少しずつでも漁を積み重ね、できるだけ水揚量を多くして帰港すべきことを示している言葉である。

「大仲経費」の主な内容は、餌代、アブラ代（燃料）、氷代、漁期中の漁労機器の購入や修理代、市場口銭（水揚金額の〇・〇三％）、問屋口銭（水揚金額の〇・〇二％）、船員保険料、「餌買」の交通費・宿泊料・食事代などが含まれる。カッパとかヘルメットなどは個人持ちである。

現在一一三トンの順洋丸（第十八順洋丸の次の船）の場合、たとえば二億七千万円の水揚金額のうち、半分強の一億五千万円くらいの「大仲経費」であれば、その漁期は「大漁」の水準に達しているという。そのうち六千万円がアブラ代、餌代がその半分くらいで、昭和四八（一九七三）年のオイルショック以前は餌代のほうが高かったが、今は逆転している。結局は「大仲経費」の七割がアブラ代と餌代に費やされる。アブラや餌は売り手市場、釣った魚は買い手市場という、カツオ一本釣り漁師の不利な立場が現れている。

餌代に関しては、現在、一三リットルのバケツ一杯が、東北地方では六千円、関東地方で四千円はする。東北はカツオ船の乗組員自身がイワシの生簀《いけす》からバケツに入れる「自分バカリ」のため値段が高く、関東では餌屋が汲む「相手バカリ」のため値段が安い。業者の汲むバケツは、どうしてもイワシの割合に比べて水が多いためである。カンコ（活魚槽）が四カ所あった第十八順洋丸で、自分バカリが一〇〇杯、相手バカリが一二〇杯は必要であったという。

「大仲経費」のうち「餌買」の費用は、年間三百万円もかかるので、現在は「餌買」の制度を廃止するか、期間を限定して行なっているカツオ船が大半である。つまり、餌屋や餌イワシの仲買業者との、それまでに培ってきた信頼関係を基盤に、船主が携帯電話一本で契約してしまうことが多くなってきたからである。宮崎県のカツオ船には当初から「餌買」がいなかったという。餌イワシの仲買業者は「地餌《じえさ》」と呼ばれる地元で捕ったイワシだけでなく、「買廻し」と呼ばれる、遠隔地からのイワシをカツオ船のために用立てることもする。日記にも、「地餌少なく家島より買回シをもってくるとの事」（04/9/14）、「餌入レは明朝名振、家島より買廻しのもの」（04/9/15）、「名振買廻し餌60杯。残り2カメ、本日名振6隻餌入レ。買廻しと地餌を半々の船も有り」（04/9/16）などとあり、瀬戸内海の家島《いえしま》から宮城県の名振《なぶり》（雄勝町）まで、餌買業者が活きイワシを運んでいる。

第十八順洋丸の場合も、二〇〇四年を最後に「餌買」を実質的に止めているが、その意味でも、本稿で扱う「餌買日記」は、その無くなりつつある職種の状況を細やかに記している点で価値がある。

この「餌買日記」には、餌イワシの状況だけでなく、沖にある船の状況も細かく記されている。おそらく安さんは、船を下りたときから、それまで船頭をしていた第十八順洋丸のことを、記録することでオカから把握しておこうとしたと思われる。前述したように、元船頭でもあり船主でもある立場として、居ても立ってもいられない気持ちが「日記」という形態をとらずにはいられなかったものと思われる。

その船の状況を示すに、船内で使用される言葉が、そのまま「日記」にも書かれている。たとえば、「凪が良い」とは海がおだやかなこと、逆に「凪が悪い」とは海が荒れていることを指している。「ボツ」とは、ぼちぼちカツオなどの魚が見え始めていること。「オカズ」とは、飯のおかずになるくらいの、ささやかな漁獲があったことを書いている。

餌入れの作業（浦賀の豊丸）

餌買はカツオ船と共に南から北へ移動をし続けるが、二〇〇三年には久礼から鹿児島へ向けて出漁を始めた翌日には、海潟《かいがた》（鹿児島県垂水《たるみず》市）の餌場に到着している。カツオの水揚げのたびに餌イワシを補給するのが原則であるので、水揚港に近い餌場が選ばれる。三月中は「西沖」（トカラ列島～沖縄近海）を漁場としているために、ときどき久礼に戻っているが、垂水や由良町（和歌山県）へ行き、餌イワシの手配をしている。四月一日からは浦賀（神奈川県横須賀市）を拠点に、六月二三日からは石巻（宮城県）を拠点にしている。浦賀の鴨居には、二隻式小型巻網船を用いて東京湾でイワシを捕る豊《ゆたか》丸という餌屋があり、石巻には餌イワシの仲買業者がおり、それぞれが提供する餌買宿に泊まりながら餌場を探している。浦賀を拠点にしているときにも、沼津の三津《みと》（静岡県）や田辺（和歌山県）に行っており、

でいる。所用があれば久礼にも戻っている。石巻を拠点にしているときにも、牧ノ浜（石巻市）、志津川《しづがわ》（南三陸町）、「松島網」（気仙沼市唐桑町）、長部《おさべ》（陸前高田市）、両石《りょういし》（釜石市）などで餌を積ん

実際に餌を積み入れるときに餌買が立ち合うことが多いが、現場には行かないで仲買業者に任せることもある。高知県のカツオ船は餌場に近づくと、大漁旗を上げるのが慣例であった。餌を入れるときも上げ続けている。積み終えると鹿児島の餌屋からは焼酎を、浦賀や館山の餌屋からはお神酒を船にいただく。安さんが船頭のときは、餌入れが終わり、館山から出港すると、そのお神酒を持って、トリカジ（左舷）→ブリッジ（船の指揮所）の下→オモテのデンツク（ツナトリ）→オモカジ（右舷）→トモ（船尾）の順番で右回りに酒を注いでから、トモで船員たちが車座になって、イワシを肴に野島崎あたりまで、残りの酒を呑んだものだという。

多くはカタクチイワシが餌イワシに相応しい。一匁のイワシは片手を広げた真ん中の三本の指に乗るくらいの長さ、四本まで乗るのが一匁半～二匁、五本目まで乗るのが三匁で、これはトンボ（ビンナガマグロ）の餌に有効であった。カツオは一匁半～二匁が理想であるが、餌買は実際にイワシを指に乗せてみて、適切な長さのものを選んだ。また、捕ったばかりのイワシは船に積んだ後に死にやすく、生簀で夏は一〇日、寒くなれば一五～二〇日間くらい飼い慣らしたイワシのほうが長持ちするといい、それを見極めるのも餌買の技量であった。

安さんによると、カタクチイワシには二種類あるという。一つは沖から入ってくるイワシで、

口が大きく、体長があり、青色の、ホタレイワシ（セグロイワシ）と呼ばれる種類。もう一つは、岸辺や湾の中にいるイワシで、小さく、きれいな緑色をしたイワシで、こちらの種類にカツオの付きが良い。ホタレイワシは高知や関東の海に多く、後者は三陸に多いという。ホタレイワシはウロコがはげやすく、後者は生きがよい。ホタレイワシを五〇歳のおばさんに例えれば、後者は二〇歳のポチャポチャした娘であると、安さんは教えてくれた。

イワシは飼い方によって船上で一カ月はもつという。カンコの中は、真水が七分に海水が三分、塩分濃度は二二バーミル（海水は三〇〜三五バーミル）に調整する。海水ばかりだと、イワシの肌がやけるようになり、目も真っ白くなり、しまいには皮がはげるという。イワシを飼う温度は二二〜二三度くらいである。さらに、イワシにも餌があり、それはイワシの配合飼料で、一年間二〇俵（一俵が高くて五千円）ほど使用する。一カンコに朝と昼の二回、食器二杯くらいを与えている。イワシはエラを張って寄ってくるという。

安さんの場合は、以上のような餌買の仕事と共に船主としての立場もあるので、漁労機器が故障したときの修理の手配など、カツオ一本釣り船の操業に対して、オカで支えることの全てを行なっている。また、餌買の役割の一つに、不漁のときの寺社参詣もあった（注5）。第十八順洋丸の「餌買日記」のなかでも、とくに二〇〇三年には、寺社参詣の記録や祈願の内容が多いようであった。

信仰の諸相

「餌買日記」も、「日記」であるかぎり、当初から誰かに読ませるつもりで書かれたものではない。その日の記事として、海上安全と大漁満足のために寺社に参詣したことも書かれているが、直接に参詣に行かずとも、日記を通して、具体的な神仏名を上げて祈願している日も多い。つまり、祈りの言葉がそのまま文字になっているのである。

実際に「沖合漁あり。本船のみ当らず」(04/8/26)ということがあり、同じ漁場にいても、理由もなく、漁獲量に大きな開きがある場合がある。そのようなときには、神仏に頼らざるを得なかった。日記には、二〇〇三年の漁期において、餌買(船主)本人が実際に参詣した神仏と日記で祈願した神仏、それから久礼の留守家族が参詣した神仏について列挙している。出漁前の二月五日に、久礼八幡宮での「大漁祈願祭」があり、終了後の一二月一二日には同社で「結願祭」が行なわれている。これらは、久礼のカツオ船の船主や船頭が皆、一同に会するが、第十八順洋丸だけの、乗組員の顔合わせの儀礼である「乗組」が二月二三日に、終了後の「上《あが》りお神酒」が一二月九日に、久礼の旅館を用いて行なわれている。「乗組」の日には、久礼にある六カ所の寺社を参詣している(一一〇〜一一一頁の表参照)。

「餌買」の仕事が始まると、浦賀と石巻などの長期間にわたる居留地においては、その土地の神仏を拝している。浦賀では鴨居の近くにある叶《かのう》神社、石巻では牧山の零羊《ひつじ》崎神社、濡仏《ぬれぶつ》釈迦如来、日和山の鹿島神社、龍神弁天様であった(注6)。安さんによると、石巻で参詣するときは、購入した自転車をタクシーのトランクに掛けてもらって移動し、牧山の零羊崎神社に登って参詣後は、自転車に乗って下ってきてから、濡仏→日和山→龍神弁天様の順番で参詣をしたという。

また、石巻では「サカキを買ってくる」(03/8/5)とあり、船のフナガミ様に上げるサカキをスーパーマーケットで買っている。入港する港で一航海ごとに渡したものと思われ、餌買にはこのような役割もあった。久礼や石巻、気仙沼ではサカキであるが、勝浦ではインクダモという植物を用いるという。餌買のいない現在でも、港の野菜屋に頼んでおき、入港したときに船頭が求めにいく。

次に、実際に参詣しないで「日記」に書きとめた祈りの言葉であるが、漁期が始まり、その日の日記の最後に書かれていることが多い。そして、どちらかといえば、実際に神仏を参詣しなかった日に多くの神仏に祈願している。基本的には久礼の神々の名前を連ねるが、浦賀や石巻では、前述したような在所の神仏の名前も現れる。あるいは、それらを合体して祈られることもある。たとえば、二〇〇三年一〇月四日に、石巻での日記の後半には次のように書きとめられている。

「明日は良き漁、授かりますように。航海安全、大漁満足、大漁祈願。久礼八幡サマ、天神サマ、おいなりさま、三社サマ、エビスサマ、住吉サマ、海津見サマ、弁天サマ、竜の波切お不動サマ、弘法大師さま、大黒サマ、カンノンサマ、全国の津々浦々、神サマ仏サマ、石巻にしずまります零羊崎神社サマ、鹿島御児大神サマ、龍神弁天サマ、濡仏釈迦如来サマ、18順洋丸に鰹大漁を授かりますように。乗組員一同に良き漁を授けてください。お願いします」

この例のような、神仏の名前を連ねていく祈願の仕方は、かつて三陸地方のカツオ一本釣り船などで、カシキ（炊事係）と呼ばれた一四～一五歳の少年が、船が沖泊りをするときに、トモに立ってお灯明を上げる儀礼の唱えごとに等しい（注7）。また、「船は群れがドンドンとアトからアトから入って来て餌付が良くなってきてくれますように!!」（03/11/4）と、具体的に大漁の様子を記しながら祈願しているところもある。この例も、たとえば先に述べた三陸地方のカシキの唱えごとに、「ハセガカリ」という言葉があり、カツオを釣り続けることを、稲バセ（稲架）に稲がどんどん掛けられていく様子に例えたもので、同様の思いを願っている。実際に釣竿を持った者だけが表現できる祈願の言葉であった。

また、旅先でも故郷の神様と一体化しているように、久礼八幡神社の祭礼（旧暦八月一五～一六日）や天神様の祭礼（一〇月二四～二五日）の日には、必ずその神名を筆頭に挙げている。たとえば、「八幡サマ昼祭りおなばれも無事すんだことだろう　八幡サマのご利やくをいただき大漁祈願する」（03/9/15）とある。

一方で留守家族の参詣も漁期が後半になるにつれて多くなる。九月一九日に留守家族が愛媛県宇和島市津島町の日切《ひぎり》地蔵へ参詣に行った翌日、早速、船が漁に当たった。当日の日記には「本日合計8t。気仙沼10時頃。順洋丸お守りくださる神サマ仏サマ、本日ありがとうございます。おかげで今日、鰹大漁授かり、とてもうれしく思います。これからも益々順洋丸いく久しくお助けください。心よりお願いします。天照皇大神サマ、ありがとうございます。宇和島日切地蔵サマ、ありがとうございます」（03/9/19）と、神様に対する、ていねいな御礼の言葉で埋められている。

安さんは「神様との相性」という言葉で説明するが、参詣後すぐに効果が現れる神仏は、その後も信仰を続けていく機縁になることが多い。カツオ船によっても違うし、船頭と船主でも違い、それが親子であっても相違するという。

他には、不漁が続くと、高知県の祈祷師にも、餌買のため在住している浦賀から電話をかけてお祓いを頼んでいる。たとえば、「○○サンにＴＥＬする。船の調子が悪いのでお祓いをタノム（お祓いしてくれるとの事）航海安全、大漁祈願、順洋丸の悪い憑きものが落ちますように ○○先生おねがいします」（03/5/22）とある。翌日も確認の電話を入れたようで、「今朝○○サンにＴＥＬする。憑きものの色々のものは祈祷して除いたとの事。良き漁をいただきますように」（03/5/23）とあり、同日にこの祈祷師へ久里浜郵便局からお札を現金書留で送付している。

包丁やタワシなどの金物を海に落としてしまうことも縁起が悪いこととされ、この「落しもの」のあったときも、「お寺（善賢寺）にも落しもののご祈トウ頼む」（02/7/25）と、中土佐町上ノ加江の寺に、石巻からお祓いの祈祷を頼んでいる。安さんが寺の住職に教えられたことは、金物を誤って落としたときの、ハッとした気持ちが漁に悪いそうである（注8）。

また、「八重事代神のお札を海にあましてくる。大漁祈る」（04/3/21）とか「八重事代主命のお札を船につみ、漁迎えの八重事代主命のお札を大漁祈念として流したし、今度は良き漁授かり早々に帰港できる」（04/4/16）とあるが、久礼八幡宮の「八重事代主命《やえことしろぬしのみこと》」のお札（三五・二×六・八センチの紙札）は出漁時に二〇枚ほど船に積み、なにか事があると、そのお札を「大漁祈念」としてトリカジ側から海へ流すこともする。オカにいる者が海へあます（流す）こともあり、カツオ船が餌を積んだときに流すこともあるという。このことを「漁迎え」と呼んでいる。

　これらの祈祷の依頼や「漁迎え」は、不漁が続くときが多いのであるが、漁労機器が故障したときなども、その心を落ち着かせるために頼むこともある。「どうしてこんなに機器などが故障するのか。今まではあまり故障もなかったのに」（03/10/27）などの不安感から始まり、「〇〇サンにTELする。エンジンの修理で二日ほど休んだので、気持にアセリが出ていたので気分的にお祓い御願のデンワをする　すぐ受けてくれてお祓いしてくれたとの事。明日は大漁できる」

「八重事代主命」のお札

田野浦の観音様にある「大漁かじとり地蔵」。カツオを抱いている（高知県黒潮町）

（03/6/24）などのような記述が散見される。

一般的には、安全な航行や大漁につながる漁労機器が充実してくればくるほど、信仰心が薄くなると思われがちであるが、これは逆である。つまり、漁労機器の導入は、それだけ人間の体で判断する領域が狭まり、機器が故障すると、いっそう神仏に頼ることになるからである（注9）。現在のカツオ一本釣り船でも、前述した「日切地蔵」や「田野浦の観音様」（高知県黒潮町）などに寄進し、新しい参詣場所も生まれている。

また、二〇〇五年の「上がりお神酒」には、次のようなことが記されている。

「本日は今年の鰹漁の〆くくりの大事、あがりお神酒の日。全員無事帰り、また、来年に向けての決意として良き年を取り大漁祈り、今年の鰹に感謝して鰹供養の心を忘れず、これからも鰹大漁祈り、ことしの漁に祈り、無事を祈り、順洋丸の航海安全を祈り、心一つにして頑張りをして大漁祈る日となる」（05/11/30）

この日記に書かれている「鰹供養」も、久礼の善教寺という寺で行なわれていた時期があった。住職が二～三年ほど関わった後、船主たちが主催で、久礼で当時、操業していた四～五隻のカツオ一本釣り船の船頭たちが集まっていたが、これも減船しているなかで止めていった。現在は、五月の第三日曜日に久礼で行なわれている観光イベントの「かつお祭り」が始まる前に、「鰹大漁祈願並びに感謝供養祭」というかたちで、カツオ供養碑の前で久礼八幡宮の宮司によるお祓いや船主等の祈願が行なわれている。

神さまの仕事を受ける

安さんの話では、船頭時代にはそれほど自分が神様を頼るということはなかったというが、船頭を息子に譲り、オカに上がってからは、沖の船のことを思い続けながら信仰が深まっていったという。それは、これまで引用してきた「餌買日記」からもうかがえることだが、餌買などの現実的に操業を補う仕事のほかには、参詣などの祈願をすることしか、沖にいる船に対して力を尽くせないことを語っている。とくに、これまで日記から引用してきたように、二〇〇二～〇三年にかけての、船頭を息子に預けた時代の記述が十分に物語っている。

安さんは、雨が降る二〇〇三年の「海の日」に、こういうことを日記に書いている。「身も心もつかれました。頑張っています。ご利やくお授りください」（03/7/20）。このような直截的な表現に出会うと、これこそが漁師の根源的な信心であると確信されてくる。

安さんは、二〇〇五年に八幡様の総代になり、二〇一三年から総代長を務め始めるが、その初めての総代の会議のあった日には、次のように日記に書いている。

「今日は八幡様の総代となり初めて会議に出席する。いろいろと大変な事だが神事の為お守りいただく八幡様など初め神々様の仕事をさせてもらう日になった。人生の節目となる日と思う。これからは色々と大変だとおもうが頑張ろう」（05/8/12）

「神事の為」とは、すなわち順洋丸の大漁のためにもつながることである。

息子の船頭が、四万川の龍王様へ突然に参詣に行ったときにも、「今日、四万川龍王サマに参詣に行ってきた。神に祈る気持が出来て来て良い事と思う。これから頑張って船頭としての責任を自覚して頑張ってもらいたい」(05/2/18)と喜んでいる。

安さんの話では、船頭はナブラの「調査」のときに、船の行き先の方角などについてアミハリ(副船頭)などに相談を持ちかけるが、相手も責任の一端を負わされるのを嫌って、「ワイ(おまえ)の好きなところへ行ったらいいが」とか「おまえの乗りたいように乗れ」と言うばかりであり、結局は船頭一人で判断するしかないという。安さんは、自分の船頭時代の経験から、船員に相談しても無益なことを今でも、息子である船頭に伝えている。乗組員全員の家族の生活の保障まで責任のある船頭にとって、対話すべきは仲間でも人間でもなく、神仏であったことがわかる。安さんのこの日記も、船主としての神様との対話の記録でもあった。

それでも、第十八順洋丸の当時の船頭は、あまり漁が思わしくないときや、同じ漁場にいて他船に群れを取られてしまったときなどに、父親である安さんに相談の電話をかけている。そのときには、安心させるような言葉をかけてやったという。たとえば、「弱る事はない。餌の有る内は良い群に会えば釣れるので、あわてず、イライラしないで、じっくり頑張れといってやる。釣って帰港出来るので、心配しないで、ゆっくり餌の有る内は、頑張ってやる事といってやる。明日は大漁出来る。ガンバレ」(04/3/20)と、息子に語り聞かせるように、日記に書いている。日記には一貫して、安さんの包容力のある父親像が浮かび上がっている。

現在でもこのようなことは続いていて、船から安さんに電話がかかってくると、不思議に翌日は漁に恵まれることが多いという。久礼にいて心配している留守家族は、船が漁に当たらないときなど、「早くお父さん（安さんのこと）に電話すればいいのに」と言っているほどである（注10）。安さんの方は船のことが心配のときでも、こちらから船へ電話をすることはなく、家族が心配しても船には電話をかけさせないという。たいへんなときは、向こうから電話がかかってくるので、それまで我慢をして待っている。自分が現役の船頭時代、なかなか漁に当たらないときに、身内から心配の電話を入れられると、ますます心が焦ってしまったという経験を重ねており、逆効果であることを体得しているからである。

漁具の製作

オカにいて、沖のカツオ船に対する役割に、漁労機器が故障したときの修理の手配がある。カツオ船の大型化が進み、鋼船からＦＲＰ船へと速力が増すにつれ、航海機器の開発が進んだ。また、海鳥を見つけ、群れを探すレーダー、ソナー、潮流計、水温分布器の設置によって漁獲に違いが現れてきたので、より良い機器を各船で争うように積み込むことになってきた。

これらの機器の購入は経営的には厳しくなるが、少しでも多くの水揚げができることで経営全体を向上させていくことになるので、最新機器をどうしても導入せざるを得なくなっている。

しかし、漁労機器以外の漁具の製作となると、今でも時間があればオカで行なわれる。

安さんの日記からも、時間があれば手を動かしている様子がうかがわれる。二〇〇三年も、出

タマ（タモ網）の種類

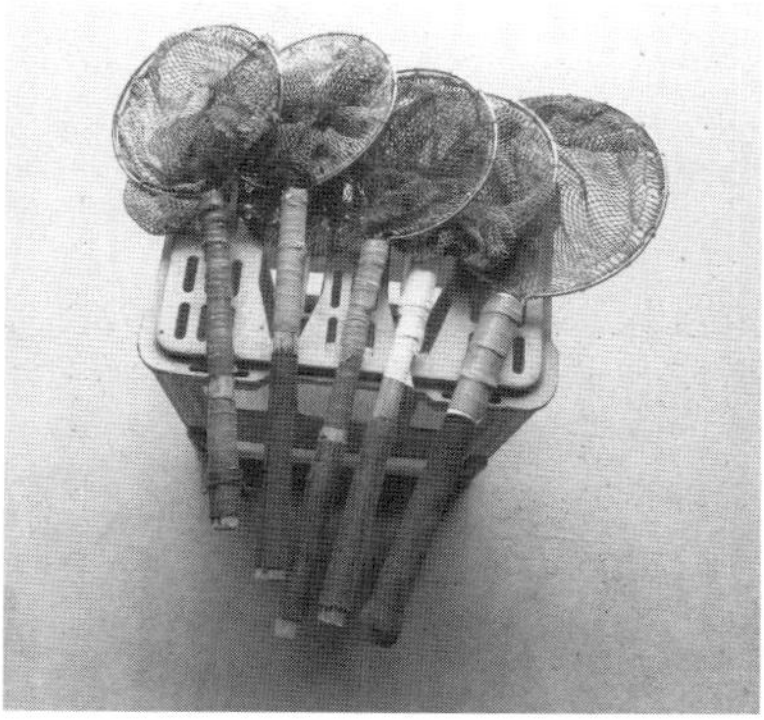

投ダマ

スクイダマ

オオダマ

絵馬に描かれた船上のスクイダマ
(中土佐町矢井賀、97.11.24)

漁前から作業小屋で「朝ヨリ投ダマ造り」（03/1/22）、「朝ヨリ投ダマやスクイダマ造りをする」（03/1/23）と、書かれている。「投ダマ」は、餌投げが活きイワシを海面に撒くときに用いるタマ（タモ網）のこと、「スクイダマ」とは船上でイワシをすくうタマのことである。明治時代の中土佐町の絵馬にも見られるように、船に積んできた餌イワシだけでなく、操業中に船からタマを、カツオが追っているイワシの群れの中に入れて捕り、それをすぐに餌投げに用いることは現在でも行なわれている。副船頭のことを指すアミハリ（網張）はこの作業に由来する。投ダマは大きいものとなると一週間くらいの製作時間を要する。なお、投ダマを「コダマ」（直径一九センチ・柄長四〇センチ）、カンコからイワシを上げるタマのことを「オオダマ」（直径四〇センチ・柄長一メートル五〇センチ）と呼び、柄も角材から製作している。安さんは船頭時代、時間があれば、船の中でも作っていた。友達の船のためにも作ったことがある。今でも時間さえあれば、家の中で手を動かしている。

ほかに、「テジ用流込み漁具」（03/1/25）を作ったり、「朝よりウエスをつくる（古着などで）」（03/12/10）などとある。「テジ」とは静岡県のカツオ一本釣りで秋から冬にかけて行なわれている流し道具のこと。カツオやキメジ（キハダマグロ）を捕る。順洋丸でも、カツオの食いが悪いときなどに今でも使用している。「ウエス」とは雑巾のこと、五〇センチ四方の木綿のボロキレで作り、エンジン場で用いた。また、安さんは「出漁の時のふらふの竹竿を切りに」(03/2/28)も行っている。「ふらふ」とは大漁旗のこと、この年は三月二日の出漁の準備の一つであった。

船員の雇用

これまで、高知県のカツオ一本釣り船の「餌買日記」の検討をしながら、カツオ船の経営と信仰などを述べてきたが、一見すると華やかに見えるこの漁業も、一漁期におよそ二億円の資金繰りをしながらの、たいへん厳しい生業であることがわかる。漁があればよいが、不漁が続けば腕のよい乗組員が集まらなくなり、前金を渡しながら集めざるを得なくなる(注11)。

乗組員は現在の順洋丸（一一三トン）で最低一七人は必要であり、一五人では厳しい状況である。逆に二〇人も乗ると、統制がきかなくなる。中土佐町以外の者が乗るようになると、船が漁期中に一度ドックに入るお盆のときの夏休みに「止めたい（船を下りたい）」と言う者が出てくるという。そのために、安さんは毎年「夏までが勝負」と思っていたという。

二〇〇三年の漁期を終え、第十八順洋丸が久礼に帰港した日の日記にも、安さんは、次のように認めている。

「あめ強シ。海上大時化。09時30分無事本年度鰹漁終了。久礼港に雨強いなか入港する。船の荷物など降しに船おりをする。11時頃いつもの場所にトモヅケにする。各船員の持物などおろす。12時30分全員帰途につく。来年の船員も今から確保の準備をしなくてはならない」(03/11/28)

翌二〇〇四年の久礼への帰港時にも「10時無事久礼港入港する。各自荷物をおろし、それぞれ家路に着く。船員皆んなに苦労かけたが来年に向け、なんとか船員確保して頑張らなければいけない」(04/11/8)とあり、漁期の終わりに、すぐにも来年の船員の確保のことを考えるのが、船頭や船主の責務でもあった。

いかに船員の雇い入れが大切であるかは、船頭である息子に語り聞かせるような表現で書かれた、次のような二〇〇五年の日記にも見える。

「人の雇用も、自分で雇用するようにしなくては、人にまかせていては、本当の苦労はわからない。もっと自分から人の雇用をする事を考えてするようにならなくては本当の船頭とはいえない。自分から雇用のデンワなど、また、探しに行くなどしなくては、人まかせでは、本当の自分の船員とは云えない」(05/2/5)

安さんは、一九九六年一〇月二〇日にNHK教育テレビで放映された「カツオ漁師の妻たち―中土佐町久礼」(「ふるさとの伝承」)に出演され、そのなかでカメラに向かって、船員の雇用を次のように呼びかけている。前年(一九九五年)の久礼八幡宮で行なわれた結願祭の直会の席である。

「わし、十八順洋丸やけんど、カットせんといてよ。船員募集中やき、（テロップを）流してくれ。〈十八順洋丸、船員募集中〉」

この画面の下に「第18順洋丸」、「船員募集中」と二行に渡ってテロップが流れた。おそらく、このころから、カツオ一本釣り船の雇用が難しくなってきたことが分かる。同じころに第十一順洋丸では、人手不足を補うためと、機械メーカーからの試験操業の依頼もあって、自動カツオ釣り機と呼ばれるロボットを三機入れたが、釣り糸が絡んだり、トンボやダルマ、キメジなどの一〇～二〇キロの重量のある魚はよく釣れるが、二～三キロのカツオに対しては、あまり思うような効果が上がらなかったという（注12）。

また、同じ一九九五年には、カツオ一本釣り漁・マグロ延縄漁において、外国人研修制度というかたちで混乗が認められている（注13）。

インドネシアの子どもたち

二〇〇三年一一月二六日の日記には、このようなことが記されている。「11時30分よりインドネシア一期生の修了式を役場でおこなう。12時30分修了式無事終り、18時より福屋にて送別会有り」（03/11/26）。これによると、三年間ごとに海外研修生を受け入れる制度により、第十八順洋丸でインドネシアの青年たちを乗組員として受け入れたのは二〇〇一年からであることがわかる。安さんの船頭時代には経験のなかった、インドネシア人との関わりが始まった。

その青井家でお世話をした一期生にはディディンとエファがいた。海外研修生の雇い入れ期間は三年間だけである。ディディンが帰国するときに書かれた日記は次のとおりである。

「ディディンも今日でインドネシアに帰る。三年間頑張った。家で一緒に生活して別れはやはりつらい事だ。国に帰っても頑張ってくれる事を祈るのみだ。サヨナラ、ディディン・リアディ。明日の08時関空着。11時30分のヒコーキでバリ島~ジャカルタと行く。日本ともお別れだ。もう二度とくる事はないだろう。逢う事もないだろう」(03/11/27)

翌日は第十八順洋丸が漁期を終えて久礼の港に着いた日だが、「ディディンも無事に、インドネシアへヒコーキに乗ったとの事」(03/11/28)とあり、「今日よりラスノ、メメット、家で生活をともにする事になる」(03/11/28)ともある。一期生に代わって、すぐに新しい二期生を預かったことがわかる。そして、翌日には「朝10時頃ディディンにTELする。インドネシアに無事着いたとの事。おばあさん、お母さん、泣いてよろこんだとの事。今度はラスノ、メメットを同じように世話する事だ」(03/11/29)と書いている。さらに翌日、「インドネシアの調味料を買いに高知に行く」(03/11/30)とあり、早速、日本との食文化の違いに気を使っている。翌年にも高知の帰り、「インドネシアのソースを買ってかえる」(04/01/20)と記している。調味料とはインドネシア産の「ABCソース」のことで、カラシとニンニクが混じっており、土佐市高岡の営業用スーパーで売っているという。

高知の一本釣り組合で取り決めたことであるが、インドネシア人に、船主の安さんを「お父さん」へ、安さんの奥さんを「お母さん」と呼ばせている。安さんの家族のほうも「子どもたち」と呼んでいる。カツオ一本釣りの漁期を終えた後は、出漁までの一二月から二月末までのおよそ三カ月間は、青井家の家族と一緒に暮らしていた。

インドネシアは、約四分の三がイスラム教の信者であり、食生活においては、豚肉とアルコール類を飲食することがタブーであった。好まれるのが、ニンニクを使用した揚げ物が多いという。食文化の背景にある宗教に関しては、あまり表立った行為はなかったというが、インドネシアの子が、夜中に歯を磨いているのに、安さんが不思議に思って尋ねたところ、これから祈りの言葉を唱えるためだと答えられたという。祈りのために特別な衣装を来ていたり、畳の上にカーペットを敷いて、その上で祈っていたともいう。

また、イスラム教では人前で裸になることも禁じられているので、当初は船上でも家でも風呂を嫌っていたが、次第に好むようになり、一人で二〇分以上も入っていることがあった。安さんは、しまいには家の風呂に「二人ずつ入れ！」と喝を飛ばしたものだという。

成人式に出席するインドネシアの研修生（14.1.2）

そもそも、カツオ一本釣り船においては、列島各地の風土も慣習も違うところの者たちが集まって乗船し、船自体が各地の港を巡ることから、異質な世界からの者もかぎりなく許容をするという一面を当初からもっている。インドネシア人を家族の一員として自然に受け入れている素地はすでにできあがっていたといってよい。安さんの家では、正月に、門の上に日本とインドネシアの国旗を掲げている。

ところで、中土佐町の成人式は二〇〇四年からは、正月一五日ではなく、帰省する者が多い正月二日に移されているが、二〇〇五年には、久礼にいる四名の二〇歳のインドネシア人も列席することになった。当時の西森英身町長が安さんと同級生であったこともあり、加えてもらったという。インドネシアには成人式という慣習はないが、日本の生活での一つの思い出になればという安さんたちの願いであった。青井家からはこのとき、スリチャンドラが出席、日記には、前年の暮れに「スリチャンドラの成人式に出席の為のスーツを買いに（イオン高知に行く）」(04/12/28) とある。この年から、毎年、成人を迎えるインドネシアの子どもたちに、スーツとネクタイ、シャツを買って上げるのが恒例となった。革靴だけは、自分たちで買わせたという。

彼らは日本での研修後、帰国したとしても漁師になる子はほとんどいない。主に蓄財のためにカツオ船に乗る者が多く、帰国後は家を建てたり、田を買ったりして、早くに結婚してしまう子が多いという。安さんもインドネシアから結婚式の案内状をもらったりしたが、行ける時間もなく機会を逸し、後に子どもができたからといって、写真を送ってくれる子もいたという。

伊東事務所の閉鎖

久礼では一九六〇年代の初頭に、六九トン型の鋼船やFRP船（強化プラスチック船）が一三隻になっていた。これら「久礼船団」は、伊豆七島付近の漁場を開拓して、静岡県の伊東市に事務所を構えた。当初は、町の自転車屋の裏の一部屋を借り、七年間も一三隻のカツオ船を代表する船主や餌買が雑魚寝をして、共同生活をしていた。電話は一本で、持ち船の入港が重なると奪い合い、それでもスクラムを組んで助け合ってきたという。昭和四六（一九七一）年には、伊東市の海岸に鉄筋二階建ての厚生施設と船主事務所を建てることになった（注14）。

オヤカタ（船主）たちが四～五月ころに来て、九～一〇月ごろまで事務所で寝泊まりしながら、伊東を拠点に司令塔の役割を果たしていたわけである。伊東の近辺の宇佐美や網代《あじろ》に、活きイワシを積み込める「餌場」があったことも有利な土地柄であった。

高知県のカツオ船は、他にも、土佐佐賀（黒潮町）は同県の焼津に、加領郷《かりょうごう》（奈半利町）や宇佐（土佐市）では、下田に事務所をもっていた。加領郷の下田への進出は昭和初年からであり、これらの進出を機に「土佐鰹漁船団」が誕生していったという。安さんがカツオ船に乗り始めた翌年の昭和三七（一九六二）年には、土佐鰹漁業協同組合が設立した。現在の「高知かつお一本釣り組合」の前身である。これらの船団の地域は、加領郷、宇佐、久礼、佐賀、土佐清水、樫ノ浦（大月町）であり、伊東にある無線局を通して、これらの船団が暗号無線を飛び交わして、操業効率を上げていった（注15）。

この久礼事務所に若いころからよく関わっていた、伊東漁協の菊地隆雄氏（昭和二五年生まれ）によると、事務所にはそれぞれの船主、餌買、オカマワリ（会計）が一人ずつ詰めていたが、伊東から船への仕込みはあまりなかったという。船へは事務所に届いていた荷物を積むだけであった。船頭が船主と会い、情報を交換する場所でもあった。伊東を拠点にすることで、伊豆七島だけでなく、初めて三陸の漁場へも開拓するようにもなった。しかし、平成六（一九九四）年一二月に無線局を閉鎖し、その後、久礼のカツオ船が減少したこと、水揚げも少なくなったことで撤廃を余儀なくされていったという（注16）。

その事務所を畳んだ年も二〇〇三年であり、安さんも立ち会うことになった。まず、石巻から久礼に戻ったのが七月二六日、「06時石巻発、用事で高知に帰る事になる。（燃油などの件で）。07時頃、仙石線（のびる駅）で地シンに逢い立往生する。4時間位待つも電車、運行停止となり、タクシーで本塩ガマまで行き、なんとか仙台より空港に間に合う。汽車で帰る予定がヒコーキになり余分の金がいった。が、無事17時50分頃、高知空港につく」とある。この日、鳴瀬町、矢本町、河南町周辺を震源とする「宮城県北部地震」（震度6強）が発生している。安さんがいた野《の》蒜《びる》駅（鳴瀬町）は、まさしく震源地であった。

その三日後の二九日、「13時30分より伊東事ム所の件で組合集合。8月1日に伊東に行くことになった（事務所売買の件で）」とある。八月一日に久礼の関係者数人と伊東に着いた安さんは翌日、「事ム所に10時に行く。色々と手続きをする。10時すべて終了する。これで伊東事ム所も閉めた。30年余りの伊東事ム所に幕をとじる。これで伊東に行くこともなくなった」(03/8/2)と書いた。そして翌、八月三日、「無事、契約も終り、今日で伊東ともお別れだ。09時20分、伊東より石巻にくる。18時石巻に帰る」とあり、また餌買の生活を始めている。

おわりに

カツオの一本釣りを経営する船主は、船頭にカツオを追うことだけに集中させるために、「オカの苦労は海の者にさせない」とか「経営と漁とは別もの」、あるいは「オカの心配と沖の心配は違う」と語る。年間のアブラ代や餌代も負担が大きい現代では、「釣って何ボ(何円)の世界」と言われるような、カツオを一匹でも多く釣ろうとするカツオ船の船頭の苦労とは別な苦労が、オカの者にもあったことがわかる。

安さんもあるとき、次のようなことを日記に綴っている。「鰹船もこの辺で考えて経営自体を見つめなおさなくてはいけないようになって来た。この事業も長くはなくなるかも知れない」(04/7/27)。現在、近海のカツオ一本釣り船は、六一隻が操業しているが(船籍は宮崎県三二隻・高知県一八隻・三重県九隻・静岡県二隻)、おそらく、他のカツオ一本釣り船でも同様の思いは変わらず、順調に水揚げ量を伸ばしている船においても、それは同じ心配であろう(注17)。

たしかにカツオ船を大きくして、高度な漁労機器を入れ、年中、漁場に向かうことができるようになれば、カツオの水揚げ量は上がるであろうし、実際にそれを行なっている船もある。しかし、マスコミに取り上げられているような水揚げ量を競う生活だけがカツオ漁の生活ではないことは、この「餌買日記」の内容から教えられる。むしろ、かつてのカツオ船には、その船頭なりの「船の乗り方」があり、それこそが価値があることが、十分に伝わってくる。

この「餌買日記」は、多くの日記というものがそうであるように、誰かに読ませるために書かれたものではないために、率直な言葉と力強い表現に溢れている。

日記には、ときに食事の様子も描かれている。食事の記述には、あらゆる交通機関を用いての、旅から旅への生活の侘しさが、ふと表現されていると思われる。たとえば、「13時浦賀発沼津向ケ、16時30分沼津ホテル着（沼津魚市場がホテルを取ってくれていた）町へ出てラーメンを食べて帰る」（03/4/12）とか、岩手県の両石（釜石市）で餌入れが午後四時半に終わり、「21時石巻着。途中食事して帰る（トンカツ定食）」（03/8/13）などと書いてある。

また、安さんは、用事があるたびに、故郷である久礼に電車で帰っているが、岡山駅から土佐久礼駅まで乗り換えがない電車に乗るので、岡山駅の売店から缶チュウハイ一つと焼ママカリを必ず買って乗る。阿波池田駅を過ぎたあたりから、少しずつ飲んで帰るのが楽しみだったという。宮城県の気仙沼へ電車で行くときも、最後の乗り換えである大船渡線は、一関駅で缶チュウハイを買って飲んでいった。旅に生きる者のみが知る、最終目的地が近づくにつれて、ほっとする時間であるとともに、次の土地での仕事に対する新たな気持ちに切り替えるための、酒の役割である。「餌買日記」は「旅日記」でもあったからである。

以上は、二〇〇三年という一年間の、しかも一部の記述を読んできたにすぎないが、今後も長らく格闘していくべき資料として私の背に負い続けるつもりである。

注1　青井安良氏には名前を伏せて発表することを申し立てたが、「日記」には人の悪口を書いているわけではないから実名を出してかまわないと応えられた。「個人情報」という大文字で、ある種の「名前狩り」が行なわれつつある今日、ライフヒストリーを重んじる民俗学においては、可能なかぎり抵抗すべきであろう。本書の書名を『安さんのカツオ漁』とした大きな理由である。ただし、本章では了解を得た方以外の実名は控えさせていただいた。

2　青井安良氏の四冊の「船員手帳」によると、昭和六一（一九八六）年に一漁期だけ、漁労長を下り、「通信士（衛生担当者）」として乗船している（四七頁の表参照）。

3　四七頁の表を見るかぎり、青井安良氏は厳密な意味では、乗船してきたカツオ船の船主ではなかった。しかし、表の船主、青井順一氏は安良氏の義父、青井秀吉氏は義弟である。秀吉氏は現在でも順洋丸に乗船していることや、平成一二（二〇〇〇）年から「有限会社青井水産」になったことからも、船を下りてからの安良氏は、実質的に船主の立場である。

4　カツオ一本釣り漁における海上生活誌を扱った研究に、若林良和『カツオ一本釣り』（中公新書、一九九一年）があり、カツオ一本釣り漁における個人を扱った論文に、増﨑勝敏「ライフヒストリーを用いた漁撈民俗研究の一試論―高知県中土佐町久礼の漁業者を例にとって―」（『日本民俗学』第二五二号、日本民俗学会、二〇〇七年、二〇九～二二八頁）などがある。

5　二〇一二年六月三日、千葉県館山市の「まるへい民宿」にて、高知県奈半利町の廣漁丸の餌買である岩永信行さん（昭和一五年生まれ）にお会いしたときの話では、不漁のときは船頭と館山の安房神社へ行くと語っていた。

6　宮城県石巻市の零羊崎神社には、昭和一一（一九三六）年にカツオの未曾有の大漁をしたために、四五隻のカツオ船が奉納した一対の石造の唐獅子が現存している。奉納したカツオ船の船籍は、三重県二五隻・高知県一二隻・和歌山県三隻・徳島県三隻・神奈川県一隻・兵庫県一隻、計四五隻の外来船である。高知県のカツオ船も以前から、この神社に対して信仰をもち続けていたと思われる。同神社の宮司の話では、入港したカツオ船は、カツオを棒に下げて二人で担いで奉納にきたという。（川島秀一『カツオ漁』、法政大学出版局、二〇〇五年、七五頁）

7　たとえば、次のようなカシキの唱え言葉の例と比較できる。「お灯明イットウ西の国タコヒの権現様にたむけ申します。灯明〳〵、〳〵、金華山は弁財天、崎々は御崎の大明神、ところはちんちん（鎮守）オボシナ（産土）さん、遠山の権現、大山は善宝寺、手長の明神様にたむけ申します。塩竈の六社の明神様にもたむけ申します。明日は戦場の一船として良いヨ（魚）に会わせ、良いアラシ（風）をくなはるように！」（一九八六年六月八日、岩手県大船渡市三陸町綾里の川原芳松翁［明治四四年生まれ］より川島採録）

8　高知県の鵜来島（宿毛市）では、「身体の弱ったような時に、おもてでも歩いていて、はっとたまげるようなことがあって、それから病みつくということ」があるという（牧田茂「鵜来の島びと」『海の民俗学』、岩崎美術社、一九六六年、三四頁）。

9　竹内利美は、岩手県大船渡市三陸町小壁の定置網の「漁場日誌」を読み、同様の状況について「科学技術と呪術の奇妙な混交」と述べたが（『竹内利美著作集(2)漁業と村落』、名著出版、一九九一年、三九〇頁）、けっして「奇妙な」ことではなかった。

10　私も何度か、現在の順洋丸の船頭（長男）からの電話を受けている安さんの応対を身近に居合わす機会があったが、「どいたー（どうした）、どいたー」と受け応えながら安心させる言葉を返している様子が印象的であった。

11　乗組員を雇用するために「前金」を渡す習俗は、三陸地方の近世の古文書からもうかがわれる。宮城県気仙沼市の大島の「外畑（屋号名）」は、藩政時代からカツオ船をかけていたが、「鰹舟乗組中候金子借用仕候證文之事」などを典型とする標題の古文書が多く見られ、舟子はカツオ船に乗り組む前に金を借りている。また、気仙沼地方に見られる「大漁カンバン」という祝い着は、大漁をした年の上がりに、船主から乗組員に贈られるボーナスのようなものであるが、この祝い着は正月一五日に乗組員が揃って村の神社などに参詣するときに着る晴着でもある。これを着て村中をあるくことは、前年に大漁をした船であることを示す、一種のデモンストレーションであり、その年の優秀な乗組員を集めることに寄与した。要するに大漁の「カンバン」であったのである。

12　高知県のカツオ船が「自動釣獲機」を導入したのが昭和四五（一九七〇）年のこと。自動釣獲機の漁獲成績が六・四％に対して人間の釣り手の方が九三・六％という記録もあり（高知新聞社編『黒潮を追って』、注14と同じ）、今ではほとんどのカツオ船が使用していない。

13　奥島美夏「日本漁船で働くインドネシア人―プロフィールと雇用体系の変遷―」『現文研』第81号（専修大学現代文化研究会、二〇〇五年）六三頁

14　高知新聞社編『黒潮を追って』（土佐鰹漁業協同組合、一九七八年）一一五～一一六頁

15　注14と同じ。一七五～一七七頁

16　二〇一四年五月一九日、伊東漁協の菊地隆雄氏（昭和二五年生まれ）より聞書。

17　三陸沿岸の気仙沼地方でカツオ船を経営することを「カツオ船をかける」と言っているのも、「掛ける」というような広い意味であると同時に「賭ける」というニュアンスも多分に含まれている。

Ⅴ　震災年のカツオ漁

はじめに

二〇一一（平成二三）年三月一一日におこった東日本大震災による大津波は、宮城県の気仙沼市に甚大な被害をもたらした。気仙沼市における、二〇一四年現在における死者（直接死・関連死を含む）・行方不明者を併せると一、三五三人（震災前の人口七四、二四七人の一・八％）、震災当初の避難者は約二万人、当初の仮説住居者は約一万一千人、市内の八割の漁船が流失し、停泊していた四〇隻の大型漁船がオカに乗り上げた。

しかし、九日後の三月二〇日、気仙沼の水産関係者が魚市場に集結、「気仙沼水産災害対策本部」を設置し、六月に魚市場を再開の上、カツオ船を受け入れ、生鮮カツオだけを扱うことを第一の目標とした。冷凍施設や加工場も破壊された時点で、動けるのは首都圏への流通だけだったからである。

その結果、気仙沼港は震災前と変わらず、生鮮カツオの水揚げ日本一を、一五年連続で成し遂げることができた。このようなことが可能になったのはどうしてか、ということを探るのが、本章の目的である。それには、気仙沼の人々が、カツオの水揚げ再開に賭けた努力と、それを支援した関係者のことを、改めて捉え直さなければならないと思われる。

「カツオ一本釣り水揚高」（平成22〜24年）

年	隻数（隻）	数量（トン）	金額（円）	漁期
平成22年	1,415	32,627	7,394,236,777	6/5〜12/10
平成23年	766	12,320	4,083,862,649	7/13〜11/29
平成24年	1,045	21,603	6,772,094,267	6/7〜11/26

気仙沼漁協資料より作成

震災前後のカツオ水揚量

平成22年			平成23年			平成24年		
漁港	水揚量	価格(1kg)	漁港	水揚量	価格(1kg)	漁港	水揚量	価格(1kg)
	t	円		t	円		t	円
調査対象 31港合計	67,801	275		52,326	354		49,606	383
	58.7%			27.8%			38.7%	
気仙沼	39,767	228	気仙沼	14,533	338	気仙沼	19,202	337
勝　浦	8,699	430	勝　浦	13,283	377	勝　浦	8,367	482
鹿児島	4,064	365	鹿児島	6,278	365	鹿児島	5,800	379

漁業情報サービスセンターの資料より作成

カツオ船団を迎え入れるために

気仙沼港は、カツオを一年間に、主に七～一一月の五カ月間水揚げできる一大拠点である。詳しく水揚げ高を、震災前後の年と比較してみると、震災の年は、隻数（同じ船であっても気仙沼港にカツオを揚げた一本釣り船の回数）は前年の約半分（前年比約五四％）である（前頁の上の表参照）。また、水揚げ数量は前年比では半分以下（約三八％）、しかし、魚価が高かったために、金額は前年比の半分よりは上まっている（約五五％）。

港ができても水揚げ隻数が半減した理由は、一つは餌イワシを供給する網元も津波の被害にあったからである。カツオ一本釣り船は活きたイワシを得なければ操業できないという、宿命的なものがある。イワシの業者も、自分たちが立ち上がらなければ、気仙沼港にカツオ船が入ってこないと奮い立ち、自力で、あるいは支援をいただきながら、なんとか再開した。ほかにも氷や燃料、食料などが簡単に得られなかったこともあった。冷凍設備や給油船も破壊されたために、十分な氷や燃料が得られなかったわけである。石油タンク二三個のうち二二個が流失、気仙沼湾の大火災の原因になった。完全に消火したのが震災から二週間後の三月二五日のことである。餌イワシと氷などの欠乏のために、一航海行ってきては何日か休みながらの操業だったので、必然的に水揚げ隻数は減少した。気仙沼湾内の海底に瓦礫が積もっているのではないかという怖れもあり、航路が心配で、なかなか入ってくる船が当初は少なかったことも一因である。

翻って、カツオ船団を迎え入れる水揚げ港としての必要条件を列挙してみると、餌となる活きたイワシの確保、カツオを冷やすための氷、漁船の燃料、漁労機器の購入・修理、乗組員の食料、乗組員の娯楽などが挙げられるが、どれもが震災によって絶望的な状況であった。

気仙沼で百年近く魚問屋を続けてきた齋藤欣也氏は、二〇一一年八月一七日の段階で、次のように述懐している。

流れ着いた石油タンク（11.3.23）

「生鮮鰹の水揚は一四年連続日本一を続けておりますが、一五年前の一年間だけ何かの事情で千葉勝浦港に抜かれました。さらにその前十年位も連続して日本一を続けておりましたが、本年日本一は無理です」（注1）。

おそらく、気仙沼に住む大半の者が、震災後に同様の思いをしていた。

一方で、二〇一一年六月二八日に、テレビ東京で放映された「甦れ！三陸漁業～カツオ船団と漁師たちの決断～」の中で、カツオ一本釣り漁師は、千葉県の勝浦港で次のようなことを語っている。

「今のところ、ちょっと無理ですね。気仙沼で水揚げするだけじゃなくて、俺たちは餌も積まなくちゃいけない、水も積まなくちゃいけない、アブラ（燃料）も、食料も、というから、あっちは本当に大丈夫となるまで、もうちょっと様子を見なんといかんなぁ。行きたいのはやまやまやけどなぁ」

同じ港で、高知県黒潮町佐賀の第一八三佐賀明神丸の森下靖漁労長も「北上していくカツオに対して放射性物質が出たら、気仙沼がどうこういうレベルではないね。操業自体がストップしてしまうのでね」と語っている（注2）。

漁獲規制と解除

高知県のカツオ船の漁労長が危惧しているように、当初は、東京電力福島第一原子力発電所の事故もあったために、五月二日には、水産庁が福島原発から半径三〇キロの範囲と北緯三七度より北での操業自粛を要請した。

そして、六月に入って間もなく、カツオ一本釣りなどの漁業団体「全国近海かつお・まぐろ漁業協会」は東京都内で会合を開き、三陸沖でのカツオの漁獲規制を決めている。気仙沼魚市場が津波で被災し、六月中旬に予定される仮復旧後も受け入れ能力が限られるためである。しかし、三陸沖での操業をやめることも検討したものの、同協会に加盟する「高知かつお漁協」の明神照男組合長は会合後、「何もなくなった気仙沼漁港の関連業者が、一生懸命、復興に取り組んでいる」と述べ、今後の操業実施には支援のねらいもあることを明らかにしていた（注3）。気仙沼港に対して、震災前と同様の関わり方をすることで、むしろ復興を促すという英断であった。
一方で、高知県中土佐町の六月議会で、池田洋光《ひろみつ》町長は、震災後の気仙沼視察に触れた町長行政報告のなかで、気仙沼と中土佐という二つの町とのつながりの歴史と、今後も水揚げできることの確信を得たことを、次のように語っている。
「気仙沼漁協におきましては、佐藤（亮輔《りょうすけ》）組合長をはじめ職員の皆さんにお会いし、お見舞いを申し上げる中で、本町（中土佐町）のカツオ漁船やマグロ延縄船との関係を伺うこととなり、あらためて連綿と続いてきた歴史や、深い信頼関係に裏打ちされた繋がりの重さを再認識したしだいです」（町長行政報告・注4）
その後、実際に操業自粛が解除されたのは六月二一日であり、一五日と一九日の両日、水産庁による調査結果で、福島県沖の三七度二〇分で捕った六匹のカツオを、横浜市の水産総合センターにて検査をした結果、カツオにはほとんど放射線汚染が見られなかったことが判明された。

カツオ船入港までの動き

先に紹介した第一八三佐賀明神丸の森下靖漁労長は、「甦れ！三陸漁業」のテレビ番組の中で次のようなことも語っている。

「処理の問題だけですね。仮に三〇〇トン皆で釣ってね、一〇〇トンしか売れませんとなったときに、結局、勝浦へ来なくちゃならんのかって。焦らんでもカツオがちゃんと気仙沼に導い

てくれるやないやろかと、僕は思っちょる」（注5）

震災後、何人かの漁師が語っているカツオや海に対する信頼感がここでも顕になっている（注6）。

一方で、三陸地方の餌イワシは、二社の仲買業者が扱っているが、その仲買も動き出した。同番組のなかで、南三陸町志津川の今野益次郎氏は、次のように語っている。

「私らはカツオ船と一緒に生きてきた。離乳食はカツオのたたきをお湯で溶いて…。そんな感じできたから、船が一隻でも来てくれる限りこの商売をやめる気はない。氷は何とかなる。燃料も何とかなる。水揚げ岸壁も何とかする。問題は餌だ、とこうくるから。餌屋さんだって、俺にばっかり責任を押し付けられてもと思うけど、そうはいかないでしょ、やっぱり。自分のやりたいようにやっていくしかない。俺は気仙沼にイワシを運びたいんだもの。運んで、とにかく船を一隻でも入れたいというだけだから。それで損をしたら、損したで仕様がないですよ」（注7）

その後、気仙沼魚市場は、一キロの岸壁の半分をかさ上げして、一日にカツオ五〇トンの水揚げまで可能になり、震災から約三カ月半後の六月二三日に再開された。カツオが最初に水揚げされたのは五日後の六月二八日、静岡の巻網船がカツオ三五トンを水揚げしている。カツオ一本釣り船が水揚げしたのは、それより半月遅い七月一三日のことで、宮崎県のカツオ一本釣り船がカツオ二二トンを揚げている。

各地のカツオ漁の基地からの支援

カツオ一本釣り船が水揚げする漁期は、例年と比べて一カ月くらい遅れたが、その気仙沼港の主要漁業・魚種・船籍別に示した水揚高グラフを、震災前後の三年間にわたって次頁に示しておく。この図のように、カツオ一本釣り漁の水揚げも、カツオという魚種の水揚げも、気仙沼魚市場の水揚げの半分を占めている。要するに、気仙沼という港町はカツオ一本釣り船が入らなかったら、大きなダメージを受けてしまうことがわかる。

気仙沼市朝市広場における高知県黒潮町のタタキ実演（三陸新報社提供、12.10.7）

大震災の年も、気仙沼港に水揚げした船のうち、地元が四分の一で、他が各地からやってきた船である。この傾向は震災前後を通して変わっていないことの一つである。震災年も、宮崎一九・八％、高知一五・四％、東北地方の福島が一三・九％で、三重は一二・五％である。

気仙沼魚市場は震災から早期の再開を成し遂げ、二〇一二年は水揚げ量が回復しつつあるが、その回復の理由の一つとなったのは、関係者の努力と共に、各地からの支援も大きかったと思われる。

「宮崎県かつお船団」は「がんばれ！気仙沼」の垂れ幕を気仙沼市漁協に贈った。高知県黒潮町からは、イベントにおいてタタキを振舞ってもらった。もちろん、垂れ幕やイベントだけでなく、漁協に対する支援金も、個人や団体から数多くいただいた。

新しい漁協の冷蔵庫の玄関には、その支援者の一覧が掲示されているが、そこから、三重県・高知県・宮崎県の支援者名を拾い上げてみると、三重県では、三重県船員組合や浜島旅館組合な

主要漁業・魚種・船籍別水揚高グラフ

単位 t／百万円

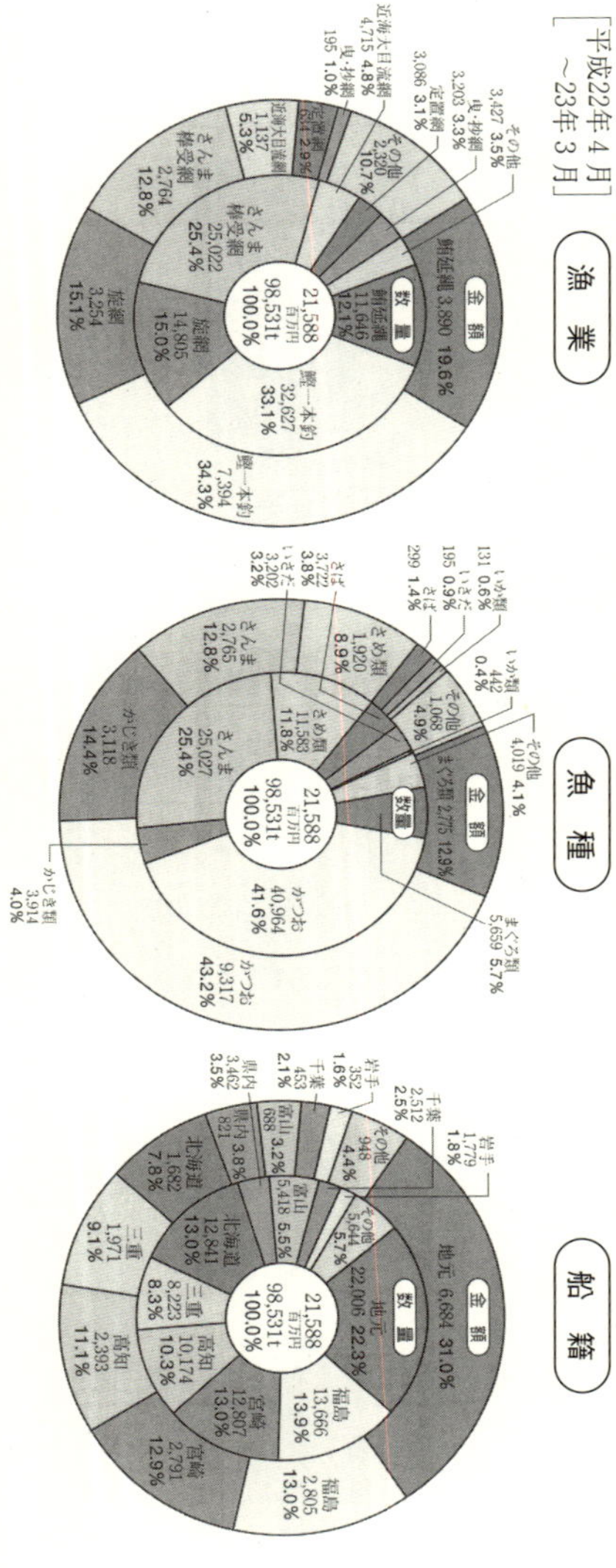

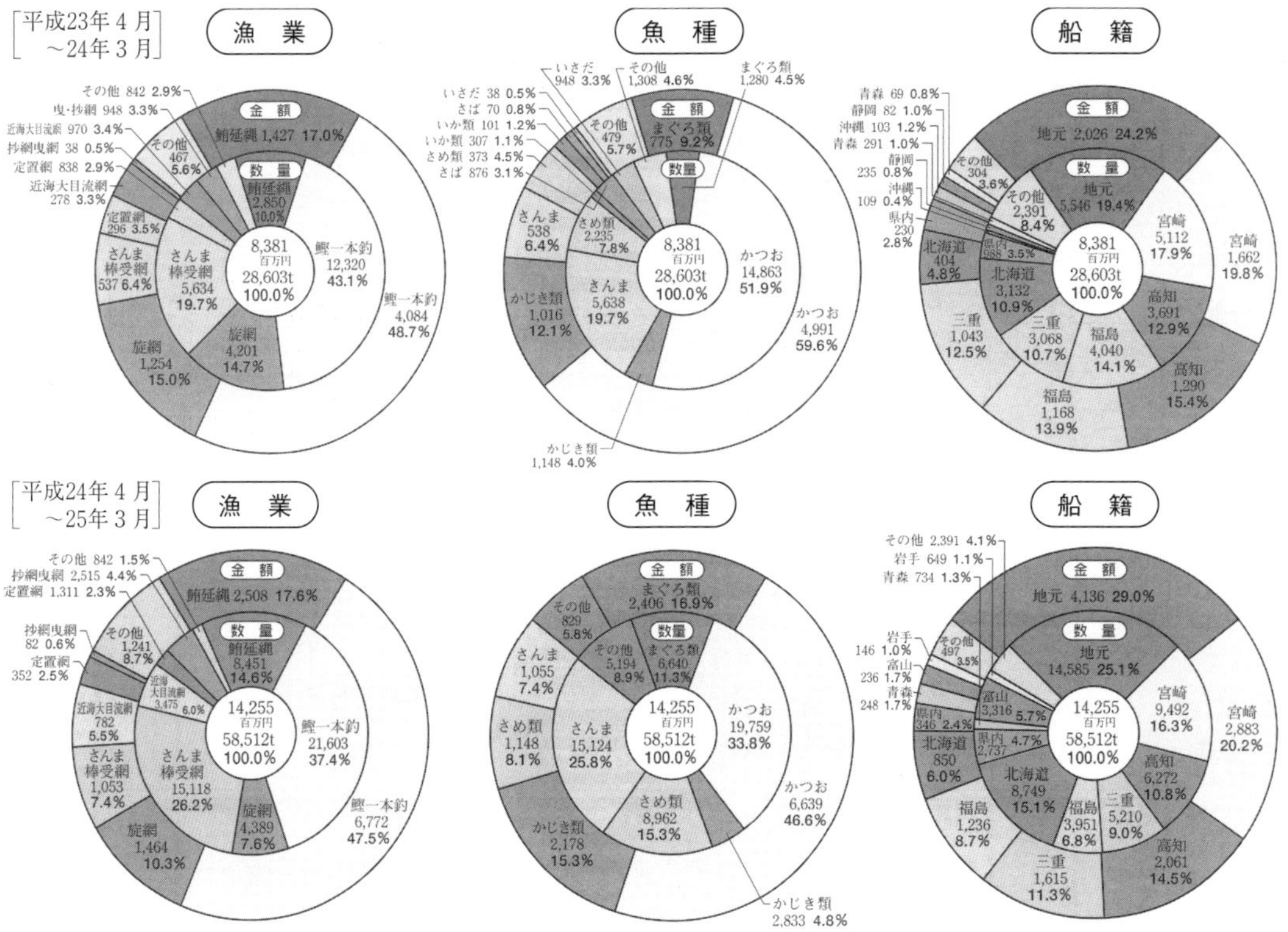

平成22～24年度「水揚統計表」（気仙沼漁業協同組合）より編集

どの名前が見える。三重県では二〇一一年五月一九日に、三重県漁連などでつくる三重水産協議会が、岩手、宮城へ向けて中古船三〇〇隻を提供する「中古漁船輸送プロジェクト」を発足、両県共に約九割の漁船が損壊の補てんに動いている。三重県内には、気仙沼港にマグロやカツオを水揚げしたり、養殖カキの種ガキの約九五％を宮城県から仕入れたりするなど、被災地と関係が深い漁業者も多く、支援の機運が高まったという（注8）。三重県と被災した二県との、海を通した日常的な交流が支えることになったわけである。

次に高知県からは、高知県中土佐町（かつお祭実行委員会）、同町（青柳祐介没後十年記念チャリティー）、土佐かつお一本釣り漁労長会、高知かつお漁業協同組合などから支援されている。宮崎県からは、なんごう黒潮まつり実行委員会、南郷漁業協同組合、南郷まぐろ船船主組合、南郷小型船組合、渡邉治美、南郷仲買組合、かつお対策協議会（宮崎県日南市南郷町）、外浦漁業協同組合、日南市漁業協同組合、栄松漁業協同組合、外浦かつお船船主組合、南郷かつお船船主組合、大堂津かつお船船主組合、宮崎県鰹部会、外浦漁協年金友の会など多岐にわたっている。大堂津《おおどうつ》、外浦《とのうら》、栄松《さかえまつ》（いずれも現在は日南市）などの集落単位からの支援だけでなく、渡邉治美氏のようにカツオ船の船主の名前も見える。

これらの事例のような支援に支えられて、気仙沼港と漁協は軌道に乗りつつあるが、これは、海を通して広いネットワークを築いてきた港町が、本来もっていた力のようなものが発揮されたものと思われる。

おわりに

震災から二年後の二〇一三年、一〇月一九日に気仙沼市南町で開催された「気仙沼とカツオ」という講座（みなとのがっこう）で、ゲストとして招かれた高知県中土佐町のカツオ一本釣り船の船主の青井安良氏は、講座の最後に気仙沼市民に向けて、次のようなメッセージを与えている。

「四〇年近く気仙沼にお世話になっている、私たちカツオ漁師は、故郷がなくなったような思いでした。何か力に成れることは、してあげる事はないかと考えましたが、気仙沼の復興は一日も早くカツオの水揚げができる事。物品支援やいろんな方法もあります。しかし、私たちカツオ漁師にできることは、入港し水揚げすることで気仙沼の人たちを元気づけることだと思いました。そのためには市場を早く復興することを願いました。たいしたこともできませんが、高知・三重・静岡・宮崎のカツオ船も、魚市場などに支援協力させてもらいました。これからも私たちの古里と思い、復興に向けて一生懸命頑張って、協力をしていきたいと思います。お互いに頑張りましょう」

「気仙沼は第二の故郷」と語るカツオ一本釣りの漁師を代表して語られたような、このメッセージは、参加者全員の拍手で迎え入れられたのである。

注1　齋藤欣也「海を生き抜く信用取引　気仙沼市魚町」金菱清編『3・11慟哭の記録　71人が体感した大津波・原発・巨大地震』（新曜社、二〇一二年）一三九頁

2　二〇一一年六月二八日、「日経スペシャル　ガイアの夜明け」第四七二回（テレビ東京）

3　二〇一一年六月五日付け「朝日新聞」

4　二〇一一年六月一〇日、「中土佐町議会定例会会議録」

5　注2と同じ。

6　たとえば、震災後の宮城県内の漁師さんから、「津波で亡くなった人には悪いけど、海からは恩恵を得ている」（石巻市北上町大指）とか、「全部海にぶんどられたのだから、今度は海からそれを取り戻せばいい」（石巻市牡鹿町谷川浜）、「ときどき裏切られるけど、俺には太平洋銀行があるから」（南三陸町馬場中山）などの言葉を聞くことができた。これらは、海に対する信頼感のあふれた言葉であり、「津波」は海が見せる表情の一つでしかないことを言い表している。

7　注2と同じ。

8　二〇一一年五月二〇日付け「中部読売新聞朝刊」

死にゆく子どもを救え
途上国医療現場の日記

吉岡 秀人 著

子どもの死亡率が高いアジアで十五年、一万人の命を救った小児外科医の魂の記録。ドキュメンタリー番組「情熱大陸」に三度出演。

ISBN978-4-902385-74-8
1,300円

国境なき大陸 南極
きみに伝えたい地球を救うヒント

柴田 鉄治 著

地球があぶない！ 南極にほれこんだ元新聞記者が語るただひとつの解決策とは！

ISBN978-4-902385-79-3
1,400円

女たち。まっしぐら！

松島 駿二郎 著

さまざまな壁を乗り越えて生きた女性十三人の評伝。志ある女性たちに勇気を与える一冊。

ISBN978-4-905194-18-7
1,600円

人類新生・二十一世紀の哲学
人間革命と宗教革命

林 兼明 著

古語研究を基に多彩な思索で人類救済を説く。

ISBN978-4-9900727-3-5
3,000円

あなたも社会起業家に！
―走る・生きる十五のストーリー―

油井 文江 編著
ソーシャルビジネス研究会 取材

貧困やお年寄り・弱者への支援を事業化して活躍する女性たち。生き方の新しい道を探る。

ISBN978-4-905194-33-0
1,500円

トルコ・イスラム建築

飯島 英夫 著

さまざまな文明を抱えてきたトルコの歴史、複雑な文化的伝統を象徴する建築群を紹介。

ISBN978-4-905194-03-3
2,800円

企業研究者のキャリア・パス
物づくりのリーダーへの道

吉田 善一 著

研究開発のプロとして必要なのは専門知識にあらず。実体験から若き研究者へのガイド。

ISBN978-4-902385-55-7
1,500円

〔エッセイ〕

日本人の祈り こころの風景

中西 進 著

芸術、自然、現代の世相を軸に、日本人の心のありようにふれる。日本人の原点を探る一冊。

ISBN978-4-905194-26-2
1,600円

アメリカの心と暮らし

木村 恵子 著

NHK「ラジオ深夜便」海外レポーターを務めた著者が、米国滞在二十二年間の体験をつづったステキな異文化コミュニケーション案内。

ISBN978-4-902385-57-1
1,600円

一隅を照らす行灯たちの物語
―実践的青少年教育のノウハウ

佐々 淳行 著

著者がこれまで語ることのなかった、シベリアやカンボジアでの海外ボランティア活動を通しての教育論。心に灯をともす二十八の物語。

ISBN978-4-902385-71-7
1,700円

時々有心《じじうしん》

小沢 昭司 著

開業医五十五年、長い経験で培われた科学の眼を通し、ことば、生、文化をつづったエッセイ。

ISBN978-4-905194-01-9
1,800円

私は二歳のおばあちゃん
アメリカ大学院留学レポート

湯川 千恵子 著

還暦で米国留学！バイタリティあふれる奮闘記。

ISBN978-4-902385-43-4
1,600円

心に咲いた花 ―土佐からの手紙

大澤 重人 著

第56回高知県出版文化賞受賞

高知県を題材として、人々の強さ、優しさ、苦しみ、悩みを生き生きと描いた人間ドラマ。

ISBN978-4-905194-12-5
1,800円

〔文学〕

おなあちゃん ―三月十日を忘れない

多田乃 なおこ 著

私は怖くて逃げた、命を助けてもらったのに。東京大空襲を生き延びた十四歳の少女の実話。

ISBN978-4-902385-69-4
1,400円

円空流し

松田 悠八 著

小島信夫文学賞受賞作家が描き出す、一九五〇年代飛騨高山の香り豊かな青春群像小説。

ISBN978-4-902385-72-4
1,600円

魂の民俗学　谷川健一の思想

大江 修 編

多岐にわたる谷川民俗学の根底に流れる思想を、自らが解き明かした対話の十三時間。

ISBN978-4-902385-22-9
2,300円

日本人の魂のゆくえ
古代日本と琉球の死生観

谷川 健一 著

誕生と死は日本人にとってどのようなものであったのか。日本人の精神の基層を探る。

ISBN978-4-905194-38-5
2,400円

蛇　不死と再生の民俗

谷川 健一 著

蛇、海蛇そして龍――。民俗学の現場に立って、蛇と日本人の深い交渉の謎を解き明かす。谷川民俗学の壮大な射程を示す論考。

ISBN978-4-905194-29-3
2,400円

露草の青　歌の小径

谷川 健一 著

歌の始原から現代短歌へ。日本人の最も伝統的で根源的な表現形式である短歌をめぐる歌論、歌人論、自撰歌集。その精華を一冊に凝聚。

ISBN978-4-905194-63-7
3,600円

列島縦断　地名逍遥

谷川 健一 著

南島の珊瑚礁から流氷の海まで、自ら訪れ、つぶさに風土にふれながら、地名に刻まれた「日本人の遺産」をたどる。谷川地名学の精華。

ISBN978-4-902385-91-5
5,600円

地名は警告する　日本の災害と地名

谷川 健一 編

地名にはふだんから警戒を怠らぬようにという警鐘がこめられている。その想いを真摯に聴き取る大切さを説く。北海道から沖縄まで各地の第一人者による災害地名探索。

ISBN978-4-905194-54-5
2,400円

東日本大震災詩歌集
悲しみの海

谷川健一・玉田尊英 編

深い悲しみときびしく辛い状況に向き合い、拭えない想いを紡いだ歌。岩手、宮城、福島の詩人・歌人を中心に編んだ詩歌アンソロジー。

ISBN978-4-905194-40-8
1,500円

津波のまちに生きて

川島 秀一 著

気仙沼に生まれ育ち、被災した若者が、大災害の状況と三陸沿岸の生活文化を語る。人間と海との関わりを探り、真の復興を考える。

ISBN978-4-905194-34-7
1,800円

南海漂蕩
ミクロネシアに魅せられた土方久功・杉浦佐助・中島敦

岡谷 公二 著

戦前戦後、南の島に魅せられた三人の若き魂の遍歴。第二十一回和辻哲郎文化賞作品。

ISBN978-4-902385-51-9
2,400円

【芸　術】

雲岡《うんこう》石窟《せっくつ》―仏《ぶつ》宇《う》宙《ちゅう》

東山健吾 文
八木春生 解説
六田 知弘 写真

中国三大石窟の一つ、雲岡。これまでほとんど紹介されなかった西方窟に、日本人写真家が初めて足を踏み入れた撮り下ろし作品。

ISBN978-4-902385-98-4
26,000円

放浪の画家 ニコ・ピロスマニ
―永遠への憧憬、そして帰還

はらだ たけひで 著

「百万本のバラ」で知られるグルジアの伝説の画家・ピロスマニの生涯。初めての評伝。

ISBN978-4-905194-14-9
2,200円

魂の燃ゆるままに
―イサドラ・ダンカン自伝

イサドラ・ダンカン 著／山川 亜希子・山川 紘矢 訳

二十世紀初めの伝説の舞踏家の自伝。多くの芸術文化に影響を与えた波乱に満ちた一生。

ISBN978-4-902385-01-4
2,000円

谷川健一全集 全24巻

柳田国男、折口信夫と並ぶ民俗学の巨人・谷川健一。
古代・沖縄・地名から創作・短歌まで、幅広い文業を網羅。

各6,500円　揃156,000円
菊判　布表紙　貼函入り
月報「花礁」付き
セット ISBN978-4-905194-60-6

第一巻　古代一
白鳥伝説
ISBN978-4-902385-26-7

第二巻　古代二
大嘗祭の成立　日本の神々 他
ISBN978-4-902385-65-6

第三巻　古代三
古代史ノオト 他
ISBN978-4-902385-48-9

第四巻　古代四
神・人間・動物　古代海人の世界
ISBN978-4-902385-73-1

第五巻　沖縄一
南島文学発生論
ISBN978-4-902385-30-4

第六巻　沖縄二
沖縄・辺境の時間と空間
孤島文化論（抄録）他
ISBN978-4-902385-45-8

第七巻　沖縄三
甦る海上の道・日本と琉球
渚の思想 他
ISBN978-4-905194-39-2

第八巻　沖縄四
海の群星　神に追われて 他
ISBN978-4-902385-61-8

第九巻　民俗一
青銅の神の足跡　鍛冶屋の母
ISBN978-4-902385-40-3

第十巻　民俗二
女の風土記
埋もれた日本地図（抄録）他
ISBN978-4-902385-84-7

第十一巻　民俗三
わたしの民俗学 わたしの「天地始之事」 他
ISBN978-4-902385-68-7

第十二巻　民俗四
魔の系譜　常世論
ISBN978-4-902385-28-1

第十三巻　民俗五
民間信仰史研究序説 他
ISBN978-4-905194-25-5

第十四巻　地名一
日本の地名　続日本の地名 他
ISBN978-4-902385-34-2

第十五巻　地名二
地名伝承を求めて 他
ISBN978-4-905194-17-0

第十六巻　地名三
列島縦断 地名逍遥
ISBN978-4-905194-31-6

第十七巻　短歌
谷川健一全歌集　うたと日本人 他
ISBN978-4-902385-80-9

第十八巻　人物一
柳田国男
ISBN978-4-902385-89-2

第十九巻　人物二
独学のすすめ 折口信夫 柳田国男と折口信夫
ISBN978-4-902385-54-0

第二十巻　創作
最後の攘夷党　私説 神風連
明治三文オペラ 他
ISBN978-4-902385-94-6

第二十一巻　古代・人物補遺
四天王寺の鷹　人物論
ISBN978-4-905194-08-8

第二十二巻　評論一
常民への照射（抄録）
評論 講演
ISBN978-4-905194-05-7

第二十三巻　評論二
失われた日本を求めて（抄録）評論 他
ISBN978-4-905194-49-1

第二十四巻　総索引
総索引　年譜　収録作品一覧
ISBN978-4-905194-52-1

〔自然科学〕

サイエンスカフェにようこそ！ 1・2・3・4
科学と社会が出会う場所
室伏 きみ子　滝澤 公子　編著
日本学術会議と共催、談話室で市民と科学者がコーヒーを片手に交流、その記録。
1巻1,400円 2巻1,800円 3巻1,600円 4巻1,800円
1巻 ISBN978-4-902385-77-9
2巻 ISBN978-4-905194-02-6
3巻 ISBN978-4-905194-24-8
4巻 ISBN978-4-905194-64-4

サイエンスカフェにようこそ！ 科学と社会が出会う場所
―地震・津波・原発事故・放射線―
滝澤 公子　室伏 きみ子　編著
放射線の健康への影響や、地震が起こる仕組みについて正しく理解し判断するためのわかりやすい手引書。
ISBN978-4-905194-35-4
1,800円

生物はみなきょうだい
室伏 きみ子　文
いのちはどこからやってきたの？ＤＮＡってなんだろう？ さあ、いっしょにいのちの歴史をのぞいてみよう。
ISBN978-4-902385-46-5
1,500円

応用代数学入門 改訂版 情報科学へのアプローチ
橘 貞雄　神藏 正　衛藤 和文　著
理工系・情報系の学生に向け、理解を深めるためのテキスト。
ISBN978-4-902385-85-4
2,200円

都市地理学研究ノート
永野 征男　著
…の手による最高の芸術品」、都市。日本大学文理…による都市地理学の論考。
ISBN978-4-902385-81-6
1,300円

…と幻の
…で蘇る。
1,300円

… 新版
…発売=冨山房インターナショナル
…学の礎を築いた著者
…と自然の捉え方。
…905194-09-5
1,400円

…沢賢治 ―素顔のわが友〔最新版〕
佐藤 隆房　著
発行=冨山房企畫　発売=冨山房インターナショナル
悩み、苦しみながら力強く生きた賢治の姿を親友が描く。
ISBN978-4-905194-27-9
2,600円

〔健康・福祉〕

日本を歩く
ウォーキング―こころとからだの健康を求めて
宮下 充正　著
自分で健康を維持するために、歩くことの大切さを楽しく描いた一冊。科学的位置づけも平易に述べられている。
ISBN978-4-905194-55-2
1,600円

病気知らずの子育て
―忘れられた育児の原点　西原 克成　著
あたりまえで、画期的な大切な育児法を公開する。
ISBN978-4-905194-41-5
1,400円

あかちゃんは口で考える
田賀 ミイ子　著
すべての子育て中のママにおくる、健康を守る秘訣。
ISBN978-4-902385-49-6
1,300円

ひびき体操
―健康でいるために今できること
谷口 實智子　著
母音を体中に響かせて行う体操。自然治癒力も高まる。
ISBN978-4-902385-44-1
1,500円

いじめの連鎖を断つ
―あなたもできる「いじめ防止プログラム」
砂川 真澄　編著
家庭と学校と地域で連携、即実行のプログラム。
ISBN978-4-902385-63-2
1,600円

盲人福祉の新しい時代
―松井新二郎の戦後50年
松井新二郎伝刊行会　編
盲人の可能性を切り拓くために挑戦し続けた男。
ISBN978-4-902385-13-7
1,800円

ゲルニカ ―ピカソ、故国への愛
アラン・セール　文・図版構成
松島 京子　訳
ピカソの代表作「ゲルニカ」は、なぜ描かれたのか。何を語っているのか。ピカソの生い立ちや生活、幼少期の絵から、ゲルニカの制作過程までをたどり、一つの作品にこめられた奥深い魅力に迫る。世界中でベストセラーの絵本の日本語版。
ISBN978-4-905194-32-3
2,800円

あたしのまざあ・ぐうす
北原白秋　訳　ふくだじゅんこ　絵
北原白秋と注目の絵本作家ふくだじゅんこ――ふたりが織りなす、美しくも摩訶不思議なまざあ・ぐうすの世界。
ISBN978-4-905194-10-1
1,800円

…叢書
発行=日本大学文理学部
発売=冨山房インターナショナル

中国語の教え方・学び方
―中国語科教育法概説―
輿水 優　著
中国語教育第一人者のユニークな一冊。
ISBN978-4-902385-18-2
2,300円

マテリアルサイエンスにおける超高圧技術と高温超伝導研究
高橋 博樹　著
高温超伝導の圧力効果研究をリードする。
ISBN978-4-902385-21-2
2,500円

Japan Textures
Sight and Word
Mark Gresham　写真
A. Robert Lee　文
神社や生き物等、日本を写真と詩で紹介。
ISBN978-4-902385-35-9
3,000円

美と感性の心理学
―ゲシュタルト知覚の新しい地平
…薫　編
…シュタルト研究の集大成。
ISBN978-4-902385-42-7
5,000円

…題
ISBN978-4-902385-60-1
2,500円

…の研究
…SBN978-4-9900727-1-1
7,500円

薬師寺　白鳳伽藍の謎を解く

白鳳文化研究会 編

薬師寺は移建だった！　平成の発掘調査から考察する、天武天皇の目論見を解き明かす。

ISBN978-4-90238…

2,800円

加藤清正　築城と治水

谷川 健一 編

熊本城築城で名高い武将は、治水事業にも無比の才能を発揮した天才であった。八名の研究者による論稿を収める。

ISBN978-4-902385-27-4

2,500円

中濱 万次郎

―「アメリカ」を初めて伝えた日本人

中濱 博 著

直系四代目のみが知る新事実が満載。手紙や日記、豊富な資料をもとに波乱の生涯を描く。

ISBN978-4-902385-08-3

2,800円

新版　宮古史伝

慶世村 恒任 著

神話時代から近代までの宮古島通史。歴史と民俗についての幻の名著が新字体・新仮名で甦る。南方研究のための必読文献。

ISBN978-4-902385-66-3

5,000円

三国…

上巻／…

易中天 著

中国で四百万部の大…訳。群雄の実像に迫る…

三十か月

ユダヤ人家族を守り抜いた恐怖と…

シルト・ウォルターズ 著

朝比奈 一郎 訳

オランダ理髪店一家の感動の実話。本書と「アンネの日記」はいわばコインの裏と表といえる。

ISBN978-4-9023…

1,500円

スウェーデン　水辺の館への旅

エレン・ケイ『児童の世紀』をたずさえて

荒井 洌 著

児童保育の第一人者が本を手にスウェーデンを来訪。優れた保育事情を考察する。

ISBN978-4-902385-07-6

2,000円

〔民　俗〕

父を語る　柳田国男と南方熊楠

谷川 健一 編

日本民俗学の父・柳田、世界的な博物学者・南方。巨人たちのユニークな素顔を親族が語る。

ISBN978-4-902385-90-8

2,200円

源泉の思考　谷川健一対談集

谷川 健一 編著

宮本常一、山折哲雄、白川静等、各分野の第一人者と著者が縦横に語り合う濃密な十四編。

ISBN978-4-902385-53-3

2,800円

…の世界名作への旅

すてきな言葉

深井 せつ子 絵

…少女」「青い鳥」「エミール」他、…されている名作のガイダンス。

ISBN978-4-902385-37-3

2,000円

…エレン・ケイの考え…花びらへの誘い。

…of the child

ISBN978-4-905194-15-6

1,800円

ISBN978-4-902385-…

2,000円

冨山房アーカイブス

冨山房は、明治19年（1886年）…町に創立されました。…者の皆様のご要望の多い本の復刻、新版の刊行を…

萬葉集物語

森岡 美子 著

愛情あふれるたおやかなことばで語りかける、万葉の世界の物語。

ISBN978-4-902385-…

1,800円

新版　芭蕉絵物語

内野 三悳 著

旅に生きた松尾芭蕉の生涯をやわらかな目線で描く絵物語。

ISBN978-4-902385-82-3

1,500円

新版　ギリシャ神話

ジェームス・ボールドウィン 著

杉谷 代水 訳

発行―冨山房企畫　発売―冨山房インターナショナル

明治の文語体と現代文の２段組で描く、神々の壮大な物語。

ISBN978-4-905194-13-2

3,500円

國語讀本　尋常小學校用

坪内 雄藏 著

発行―冨山房企畫　発売―冨山房インターナショナル

教科書史上にモニュメントとして残る国語の原点を再現。

ISBN978-4-905194-23-1

3,600円

新版　維新土佐勤王史

瑞山會 編

武市瑞山と血盟を交わした維新史の証人達による第一級の記録集。

ISBN978-4-902385-09-0

27,000円

酒井佐保の熱学教科書

吉田 善一 著

日本近代物理の礎を築いた名著が、現代語訳と注記…

ISBN978-4-902385-29-8

植物生態美観

三好 學 著

発行―冨山房企畫

日本の植物…による植…

日本大学文理学部…

ファイナンス・保険数理の現代的…

黒田 耕嗣 編著

数理ファイナンスから金融リスクの問題…

南極から北極・ヒマラヤから海まで

小元 久仁夫 著

美しい写真と共に綴る世界一周の記録。

ISBN978-4-902385-64-9

4,800円

21世紀の学問方法論

宮原 琢磨 編著

主要な学問分野の研究方法を説く。

ISBN978-4-905194-51-4

3,500円

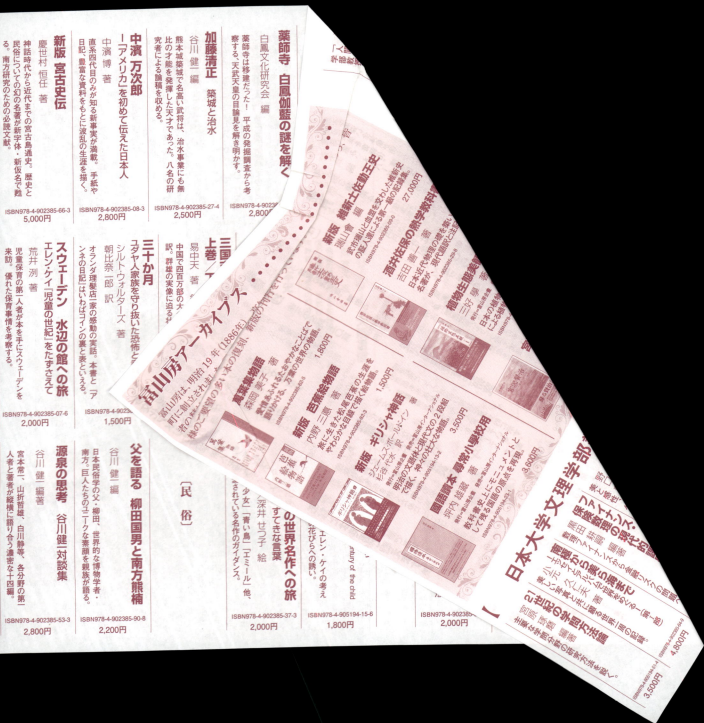

Ⅵ

カツオ漁の風土と災害

カツオは山を目指してくる

カツオ一本釣り漁に関して、以前から気になっていたことが一つある。かつてのカツオ一本釣り漁の基地であり、近年まで活躍していた地域に、太平洋沿岸のリアス式海岸の地勢の漁港や漁村が大半をしめるのは、なぜであろうかということである。たとえば、三陸、西伊豆、志摩半島、奥熊野、土佐清水、坊津などの沿岸は、入り組んだ海岸線と水深の深い湾に沿った漁村が多く、いわゆる山と海とが接する「山海至近《さんかいしきん》」の地域である。

まず、第一に考えられることは、カツオ節に加工する燃料や、大型のカツオ船を造るに適した船材がすぐに手に入る森林資源が、海辺のすぐ近くにあったことである。カツオ一本釣りは、短期決戦型の漁法であるために、船にはできるだけ多くの釣り手が乗り、餌イワシや釣り上げたカツオを入れる活魚槽はできるだけ大きい方が良いので、一本釣り船は、ある程度、必然的に大きくならざるを得なかった宿命があった。つまり、リアス式海岸の沿岸漁村には、漁船の大型化を可能ならしめる、造船の船材が漁村の背後から入手できる利点があったといえる。

次に、カツオ船だけでなく、カツオ節などの加工品を輸送できる大型の廻船が入港できるような、自然の良港が間近にあったことも、リアス式海岸と大きく関わった要因である。水深の深さと、山に囲まれた「風除け」の港として、適していたわけである。

それから最後に考えておかなければならないことは、カツオ自体が海から山を目指してくる魚だと言われている点である。「カツオは山を目指してくる」という言い伝えは、かつてのカツオ漁の基地であった静岡県の西伊豆の田子で聞いた。海際まで山が突き出している田子の地形がカツオの群れを呼んでいるといわれ、山の松を伐ってはならないものとされたという（一九一頁参照・注1）。

また、宮城県の気仙沼地方でも「カツオは蔭を好む魚だ」と言われ、流木などにカツオの群れが付く「木付き」と呼ばれる大漁の説明に使われている。「カツオの金華山参り」という言葉もあり、カツオが金華山を目指して北上し、それまでは左側の片目だけで岸へ岸へと寄り付こうとするが、金華山の神様から両目をいただいて、それから北は沖の方へ群れていくと言われている（注2）。気仙沼市内の漁師からは、「カツオのヒナタ目」と呼んで、右目だけが太陽に晒されて白くなっていることを教えられたことがある（注3）。金華山から目をいただいて沖へ向かうという表現は、黒潮の流れかたを示しているとも思われる。

「鰹待居漁」と「鰹網」

ところで、延宝五（一六七七）年の石巻市狐崎《きつねざき》の平塚家文書には、紀州の漁師たちが牡鹿半島の沖でクジラを捕ったり、カツオ漁をしていることを仙台藩に訴えている。仙台藩では「鰹待居」漁をしていると書かれているが、これは岸に寄って来るカツオを待って捕るという消極的な漁法で、紀州の漁師のように、活きイワシを船に積み入れて沖へ行き、その餌を撒いてカツオを釣る漁法とは対極的なものであった（注4）。しかし、逆に言えば、カツオをオカで「待居」っていても、カツオの方がオカを目指してやってくるために捕ることが可能だったということを明らかにしている。

一方で、静岡県沼津市の戸田《へた》村の井田は、駿河湾に面し、三方を急峻な山に囲まれた、約四〇戸の集落であるが、明治時代には、漁家に接するところにカツオの漁場があった（注5）。旧暦の六月から九月のあいだ、二張の大網によってカツオを捕獲していたという。井田のカツオ網も、山へ向かってカツオが近づいてきたという事例の一つに挙げられるだろう。

なぜ、カツオが山を目指し、蔭を好むというような表現をされるのかということについては明確に説明しがたいが、おそらく山からの清水が直接、海に流れ入るところは、汽水域を生じ、そこはプランクトンが発生しやすく、それを餌にするイワシなどの小魚が集まり、さらにカツオが寄ってくるということではないかと思われる。

ところで、宮城県気仙沼市に住んでいた私が、カツオ一本釣り漁の調査のために紀伊半島に初めて足を踏み入れたのは尾鷲《おわせ》湾の東の須賀利《すがり》で、一九八八年の一一月のことであった（二一二頁参照）。尾鷲駅に降り立ち、須賀利へ行くために連絡船の桟橋までまっすぐにあるくと、すぐに船が出る様子であり、船の中から私を見た人が手招きしたので、ほとんど転がり込むようにして乗船した。一〇人ほどがようやく乗れるくらいの小さな船であり、一番後ろの席に膝を付き合せるようにして腰を下ろし、しぶきの上がる船の窓から、ひょいと後ろを見た初めての尾鷲の町は、後ろに高い山々を背負っており、「あぁ、気仙沼と同じだ」と思った。二〇分くらいで到着した須賀利も、その夜に宿を求めた尾鷲市の三木浦も、小高い山の斜面に沿って階段状に集落が形成された、典型的なリアス式海岸の漁村であった。三陸沿岸から到来した私は、故郷とすこぶる似た風景に、驚きと同時に安堵感を感じたものだった。それが紀伊半島との初めての出会いである。

カツオも、この山の影が映る同じ風景を求めて動き、それを追った紀州の漁師たちも北上し、三陸沿岸を見た彼らも、同じように驚き、同じように安堵感を得て、末には定着する者も現れたのも、この風景と風土のなせるわざではなかったのかと思われる。

三重県尾鷲市須賀利の風景（04.1.11）

「寄り物」としての津波

以上のようなリアス式海岸の湾には、カツオだけでなく、多くの種類の魚が入ってきて、とくに湾の奥などは袋小路になるために、魚が湾内に入ってくるかぎり、それらを捕るに有利な位置にあった。気仙沼湾内には、まれにカツオも入ってきたらしく、それは「寄り物」として、縁起の良いこととされていた（注6）。

金蔵寺の境内に並び立つ記念碑。左からマグロ（1928），ボラ（1920），津波（1944）の記念碑（11.7.24）

三重県大紀町《たいき》の錦《にしき》も、リアス式海岸に面した町で、かつてはカツオ漁も盛んであった。ところが、ここは、昭和一九（一九四四）年一二月七日の「東南海地震津波」で、六四名の死者を出したところである。リアス式海岸の地形は、湾奥へ行けば行くほど、波高が高くなる地形なのでその被害も多くなるが、この錦は現在、防災意識も高く、夜に津波が来た場合でも避難できる照明燈の目立つタワーが立っている。

その錦の金藏寺《こんぞうじ》の境内には、そのときの津波記念碑と並んで、ボラとマグロの大漁記念碑が並んで建っている。ボラは大正九（一九二〇）年の三五、〇〇〇匹の大漁、マグロは昭和三（一九二八）年の七八六本の大漁であった。どちらも、リアス式海岸の特性を活かして湾口から追い込み、建切網や巻網などで捕った湾内の漁業であった。

大漁も津波も、ムラの人たちの予測もつかなかった珍しい出来事であったために、ムラの歴史としての「記念碑」を並べて立てることになったと思われるが、この三基の記念碑を同時に見たとき、魚も津波も海の彼方から湾内へ向かってくる「寄り物」であることを、いまさらながら思い到った次第である。魚だけでなく「津波」のことも気にかけなければ、さまざまなリスクを背負って漁に出かける漁師の心の中へまで入ることはできないのではないかと、深い反省心と充実感とを抱いた覚えがある。

津波浸水時の鮪立湾（11.3.11　鈴木盛男氏撮影）

　今回の東日本大震災においても、リアス式海岸の典型である三陸沿岸は、想像もできなかった津波に襲われた。しかし、リアス式海岸に面する漁村が、すべて同様の被害が起きたかというと、必ずしもそうではなかったようである。気仙沼市唐桑《からくわ》町鮪立《しびたち》の、津波侵入当時の写真を見ると、津波は湾奥の気仙沼市街地へ向けて激しく動いており、鮪立の集落は、風呂に水を溜めるように静かに上がってきたという。こういうところでは、津波の横の力が少なかったので、高さ九・九メートルの防潮堤は必要ないということで建設に反対をしている。漁業を継続していく上で不便であることが第一の理由である。

　この鮪立は、延宝三（一六七五）年に、紀州の一本釣り漁法を南三陸地方で初めて導入した漁村であるが、その鈴木家（屋号「古舘」）は、目の前が海に臨んでいるにもかかわらず、浸水しなかった。そして、通常にも裏山から水を引いて生活に用立て、市からの水道は非常時の場合と考えていたが、地震直後はこの水道の方が役に立たず、結局、鮪立の集会所に避難した約一四〇名の食事や風呂は、沢水を引いたところにある大釜が大活躍したことによって鮪立の住民を助けた。

リアス式海岸は、たしかに津波には不利な風土であるが、震災後はそのリアス式海岸の特徴である、すぐ集落の後ろに山があるという利点を生かして、沢の水や薪を得ることができたわけである。唐桑半島は元来、沢水が豊富なところでもあり、カツオ節の加工ができ得たのも、カツオを洗ったり煮たりするこの真水のお陰であった。風土のもつ、このような両義性を認めながら、それぞれの地域の生活文化を育ててきたものと思われる。

二つのジョウシュウチ

東日本大震災後の最初の仕事として、東京学芸大学の石井正己氏と、昭和八年の三陸大津波のあとを記録した民俗学者、山口弥一郎の『津浪と村』を再刊、編集しているときに、少々気になった言葉があった。それが「津波常習地」という言葉に当てられている「常習」という漢字の当て方である。現在は、通常「常襲」という漢字が一般的であり、おそらく多くの者が疑念をもつ表記であろうと思われる。『津浪と村』が発刊された当時の一九四三年に、この言葉が「常襲」という意味も含んだ広義の使い方をしていたことも考えられるが、この言葉にもう少し積極的な意味合いを見出していくことも考えてみた。

つまり、現在、一般的に用いられている「津波常襲地」は、津波に被災されたという一過性の言葉であり、受動的な意味合いだけが濃厚である。しかし、「津波常習地」として使われている「習う」は、「慣れる」という言葉にも通じ、津波を生活文化のなかに受け入れている、あるいは津波と共に生活してきたという、災害に対して、積極的に向き合ってきたという意味合いが強い言葉と思われる。

震災後、三陸沿岸の住民に対して、何度も津波の被害に遭いながらも性懲りもなく住み続けている、「愚かで」、「後進的で」、「貧しい」ゆえに移動のできない輩というイメージで語る者が後を絶たなかったのだが、津波と共に暮らしてきた、その生活文化を知っていないために、そのように捉えたものと思われる。現在、安全神話やゼロリスク幻想を振りかざして、三陸沿岸に住む者たちを赤子のように扱い、短絡的に「高台移転」や「防潮堤」を力まかせに実行しようとする輩も、基本的には同じ視点に立っていると思われる。

しかし、三陸沿岸に住む者は、津波に対して、ただ手をこまねいていただけではない。そこで「津波常習地」という言葉が生きてくるわけだが、そのような生活文化を具体的に見ておくと、たとえば、家屋の建て方だけでも、独自な工夫がされてきた。少しだけ土台を上げて建築された家、あるいは一階をガレージにして、二階から住居にした家、また、家の回りを強固な塀でめぐらした家などが、三陸沿岸には多かった。

これらの家レベルでの津波からの防御法は、集落レベルでは「高台移転」と「防潮堤」の発想に近いものである。今回の大津波では、これらの家レベルでの防御法を一挙に崩壊させたが、しかし、三陸沿岸に住む人々は、いたずらに何度も津波災害になすがままに生活してきたわけではなかったことがわかる。それぞれの家で考え、あるいは集落ごとに受け継がれている伝承が生きていた。

漁村の女性の防災意識

三陸沿岸は明治二九（一八九六）年にも大津波に襲われたが、岩手県の普代《ふだい》村太田名部《おおたなべ》では、人口二六七人のうち死者が一九六人、戸数四一戸のうち四〇戸が流失した。顕著なのは、死者一九六人のうち、男性が四三人、女性が一五三人に及んだことである。女性に比べて男性の犠牲者が約三分の一と極端に少なかった理由は、この年は岩手県沿岸でマグロ、イワシ、サバが異常なほど大漁であり、浜の男たちは皆、沖に漁に出ていたためと伝えられている（注7）。

一日のうち大半を、男たちが沖の漁船の上で暮らすのが、この列島の漁村の典型であるならば、その漁村の集落を自然災害から守らなければならないのは、女性たちであったことがわかる。海の傍らに住む女性自らが、常に防災のことを考えながら生きていかなければならなかったわけである。とくに、男たちが一年のうち一〇カ月あまり故郷から離れている、カツオやマグロなどの遠洋漁業や近海漁業の乗組員を輩出している漁村では、なおさらのことである。

三重県尾鷲市の須賀利は、明治四四（一九一一）年に動力船が導入され、大正八～九年ころには焼玉の一二馬力の船で、初めて三陸沖のカツオ漁に乗り出した漁村である。この村では、一五歳ころから四〇歳までの男性は、二～一〇月まではカツオ漁、一一～二月までの冬季はマグロの延縄漁の、地元の船に乗ることが多く、青少年や壮年が、留守がちの漁村であった。

その須賀利で所帯をもった世古恵子さん（昭和一〇年生まれ）は、昭和三四（一九五九）年の伊勢湾台風と昭和三五（一九六〇）年のチリ地震津波について、次のように回想している。

「34年に伊勢湾台風やったんです。主人が遠洋漁船行ってて留守でした。そしてまぁ、すごい台風でね。風はえらいし、波はえらいしね。そして私の裏の家がもう、家も下（土台）もゴボーッと波にさらわれてしもうたんです。（中略）夫がいつ帰ってきたかは、もう覚えがない。あぁ、チリ津波の時がね、あたしのとこの、今住んどるとこじゃなし、前の古い家の時、畳よりちょうど30センチくらい津波の水が来ましたの。5月やったからね、お父さんのこと（須賀利にいたかどうかも）覚えないけどね」（注8）

台風や津波のときは、夫がいつ帰ってきたか、いたかどうかも覚えがないほどに、漁村の女性たちは、いつもとは違う海の暴挙から家や故郷を守らなければならなかったことがよく分かる言葉である。このような女性の災害体験を活かしてこそ、本来の漁村の防災が成り立つものと思われる。

「餌を飼う」・「ナブラを飼う」

「災害文化」という言葉を早くから定義付け、その価値を高めてきた首藤伸夫は、次のように述べている。

「自然と付き合って行く上での智恵の一部として存在していたのが、災害文化の原形であった。住み着くことによって作り出され、受け継がれてきた、日常的な生活の文化である。自然に向かって能動的に働きかけていくというよりは、それが猛威を発揮する際に受動的に対処する態度が根底にあった。この態度を共有する集団は大きくなく、個人とそれが日常生活で交流する地域コミュニティの範囲である」（注9）

しかし私は、前述したように「災害文化」に対して、もう少しだけ、能動的に働きかけてきた面を見ていきたいと思っているが、結局のところ、「災害文化」とは、「自然との付き合い方」であろうと思われる。そして、海という自然に関していえば、このことをよく知っているのは、この四周を海に囲まれた列島の漁師たちであった。

ところで、カツオ一本釣りという漁法が、その「人間と自然との付き合い方」について教えてくれていることがある。一般的には、カツオ船から餌イワシを撒く役割の者のことを「餌《えさ》投げ」と呼ぶが、鹿児島県では「餌カイ」と呼ばれる。この場合の「かう」とは、商売の「買う」ではなく、飼育する意味の「飼う」である。「飼う」は、「慣らす」、「慣れる」という言葉を仲立ちにして、先ほどの「常習地」の「常習」という言葉にも通じている。

同様に、伊豆七島の神津島でも「餌飼え、餌飼え」と船頭が叫ぶと、餌飼いがエサを撒いた。高知県でも、餌投げ係の者を「餌飼え《えどがえ》」と呼ぶ言葉があったが（注10）、最近では「餌」ではなく「ナブラを飼う」という言葉が例外的にある。つまり、「餌を飼う」の「飼う」とは、人間の意のままに自由にできる状態が「飼う」であって、直接にカツオを飼うわけではない。

カツオはあくまで自然の側に居て、人間とカツオのあいだに「イワシを飼う」という、人間がなかば自由にできる領域を置くことによってはじめて、カツオを捕ることができるということを表している言葉だと思われる。人間と自然とのあいだにワン・クッションを置くことで、自然のもっている力（この場合はカツオのイワシを追うという習性）を引き出しているわけで、直接に人間が自然を改変させているわけではない。高知県の「ナブラを飼う」という言葉は、もう少し積極的に自然に食い込んでいる言葉と思われるが、それでも「ナブラを捕る」とは言ってはいない。

以上のように、この列島で長いあいだ培われてきた漁法を見直すことで、再度、人間と自然がどう関わっていったらよいか、あるいは自然災害に対して、どうやり過ごしていったらよいか、考え直す拠り所にしていけたらと願っている。

注1　一九八七年九月一三日、静岡県西伊豆町田子の椿智欣氏（昭和一〇年生まれ）より聞書。
2　柳田国男「一目小僧」『一目小僧その他』（角川文庫、二〇一三年、初版は一九三四年）七〇頁

3　一九八四年二月五日、宮城県気仙沼市本浜町の高野武男翁（明治三三年生まれ）より聞書。
4　「狐崎平塚家文書」（石巻文化センター蔵、延宝五（一六七七）年八月二日）『石巻市の歴史』第九巻資料編3近世編（石巻市、一九九〇年）二七四〜二七五頁
5　『静岡縣水産誌』巻三（静岡縣漁業組合取締所、一八九四年）二〇一頁
6　一九八八年八月三日、宮城県気仙沼市小々汐の尾形栄七翁（明治四一年生まれ）より聞書。
7　『太田名部物語』（太田名部物語をつくる会、二〇〇六年）一〇九頁
8　『尾鷲市須賀利町　聞き取り調査記録』（三重大学附属図書館研究開発室、二〇〇九年）七七頁
9　首藤伸夫「災害文化研究の意義」（平成四年科学研究費「災害多発地帯の『災害文化』に関する研究」報告書）
10　西尾恵与市『土佐のかつお一本釣り』（平凡社、一九八九年）二九二頁

Ⅶ

カツオ漁の旅

カツオ船とエビス親子 ―宮城県女川町出島

阿部勝治翁との再会

時の流れは無慈悲にも大切な人との別れを強いるが、再会の喜びも与えてくれることもある。一二年ぶりで渡った女川町の出島《いづしま》で、私は阿部勝治《かつじ》翁に再会できた。

勝治翁は明治四〇（一九〇七）年生まれ、以前にお会いしたときもご高齢であったが、今年（二〇〇〇年）で九三歳になられる。女川港からの高速船の中で、もうお会いすることはできないだろうと思っていただけに、お元気でいることを耳にして、やみくもに会いたくなった。

一二年前の記憶をたどりながら家を訪ねると、港に出かけているというので、小走りで駆けつけた。早くも傾きだした冬の陽を背負っているために、顔は影になっていたが、歩く姿は、どうやら勝治翁であった。遠くのうちから頭を下げると、向こうも怪訝そうに、ゆっくりと近づいてくる。挨拶をすると、おぼろげながら私を覚えている様子だった。お元気でいるだけで、ただただ嬉しくて、何度も頭を下げるしかなかった。勝治翁は、潮風が彫刻したような風貌と、心に響く声とが印象的な漁師さんだったが、今でも変わっていなかった。

旅先でお世話になった方々と再会することは、当時の自分にも再会することでもある。勝治翁とお話するうちに、切り取られ、どこかに仕まい込まれた時間が、ふつふつと、よみがえってくる。当時の問題意識はいったい何だったのだろうかと気にかかる。若気の至りに恥じ入るとともに、無目的にあるき回っていたパワーには羨望を感じる。結局は、自分にとって充実した時間だったのではないかと、一瞬、頭をかすめる。

イワシを撒くときの餌声

昭和六三（一九八八）年の五月は、網地島《あじ》・田代島・江ノ島・出島と、宮城県内の松島湾を除く離島を立て続けに踏査していたときだった。女川町では、江ノ島が「沖の島」であるなら、出島は「地の島」であった。

出島の阿部勝治翁（明治40年生まれ、88.5.28）

出島の民宿の主人から案内されて阿部勝治翁のお宅へ行ったのは、夜の七時を過ぎていた。当時も今と同様にカツオ漁のことを聞き集めていた。九時を過ぎても話は尽きず、最後は一人で夜道を帰ってきた。夜歩きが心地よい季節になっていた。満足して鼻歌をうたいながら戻ってきた私にとって、対岸の尾浦の灯の輝きは忘れられないものとなった。

勝治翁から聞いた話の中で、印象に残った言葉の一つが「エゴエ（餌声）」である。それは、カツオ船で餌イワシを撒くときに、餌投げが出す声のことである。勝治翁が聞いた言葉は、

「勘四郎オジ」と呼ばれていたお年寄りが語ったという。「トーイ、トイトイ…」と始めて、「トシマのセグロ」とか「シライワシ」という、イワシの種類を示す言葉が入っていた。

「餌声」という言葉は伝承していないものの、その詞章については、唐桑町（現気仙沼市）の漁師さんたちが伝えていた。たとえば、上鮪立《かみしびたち》の小松勝三郎翁（明治四三年生まれ）の伝承は、次のような口上に近いものであった。

「ホゥホゥという声を聞いては、七カ七浦から飛んだり跳ねたりして来う！　イワシと申せばダイナン沖の大マサゴ、投げ手と申せば唐桑一の美男子。ゴワリガッパリ、セガナマス。ドンガリと申せばナマの都。ナマの都には一六、七の生娘がお侍来るかと待っている」

この餌声で、「セガナマス」とはカツオの背ビレのことで、一番先にオフナダマ様に上げる部分である。「ナマ」とはカツオの出す血のこと。「一六、七の生娘《きむすめ》」とはオフナダマのこと、「お侍」とはカツオのことを指す。茨城県の那珂湊でも、カツオのことをオサムライと呼んでいる。

つまり、「餌声」とは、カツオが沸き立つように釣れるときに、景気づけのように出てくる餌投げの声のことなのだが、一種の呪言に類したものでもあった。

出島のエビス親子

阿部勝治翁は、この「餌声」のほかにも床しい言葉を伝えていた。たとえば、カツオ船の船員の役割名に、サナブラリ・ナマブラリ・トモブラリなどがある。

ブラリとは「ぶらぶらしている」ということから生まれた言葉かとも思われるが、いずれも経験を積み上げて閑職となった、当時のベテランの年寄りたちのことである。トモは船尾の、ナマは船の中央にある水槽のことで、菅江真澄（一七五四～一八二九）の「はしわのわかば 続」（一七八六）にも出てくる古い言葉である。サナは船首の板子のことで、船頭の次に責任のあるサナブラリは、この板子の上にアグラをかいて配下の船員に命令を下したという。

サナブラリの下くらいに、オヤジとかナカオヤジと呼ばれる役割のお年寄りがいるように、カツオ船にもオヤジがいた。ところが、この出島には、オカにも擬制的なオヤコ関係をつくる習わしがある。それがエビス親子とかエビス兄弟と呼ばれている慣習であり、今回の調査の目的はこのことだけであり、前回にはあまり問題視していなかった事項である。つまり、カツオ船の船員の組織の問題は、当時は見逃していたのである。

エビス親とは、本来は中世の武家社会において、成年の元服の式として、烏帽子《えぼし》をかぶる儀礼から由来する「烏帽子親」という言葉であった。それが出島や対岸の竹ノ浦や桐ヶ崎や牡鹿半島でも、漁村にふさわしい「エビス親」となまっていることが興味深い。

勝治翁にすすめられるまま、「いこいの家」に入って並んで座り、船が出る時間まで、このエビス親子について、うかがうことにした。

出島ではエビス親のことを「名かけ親」とも呼んでいた。ところによっては改名することで、オヤコ関係を創出することがあることから、この名がある。一五歳になると、エビス親を決め、旧暦の二月一日に、エビス親や、先にエビス子になっていたエビス兄弟たちと、杯を交わす儀礼があった。エビス親の方が「名かけに、け（呉）てけろ」と子を集める場合も、子どもの親の方がエビス親を探す場合もある。

勝治翁の場合は、〈シダキン〉という屋号の家の当主がエビス親になった。この当主と勝治翁の父親とがエビス兄弟であったことが理由である。翁の父親は宮城県の内陸部の桃生《ものう》郡の小島出身であったため、すぐにもエビス親を探した。共同労働が多い漁村では、このような擬制的なオヤコ関係が必要であった。

勝治翁にも、一〇人のエビス兄弟があったが、翁を除いて全員が他界している。カツオ船には、この〈シダキン〉の鹿島丸に約一〇年間、乗船している。二四、五人乗りの鹿島丸には、エビス兄弟がいくらも乗っていた。つまり、オカのオヤコやキョウダイ関係がカツオ船を根底から支えていたのである。

島との別れ

エビス親子は、西日本の漁村のように、若者宿や寝宿を通して、日常的にオヤコやキョウダイ関係を確認しているわけではない。しかし、その骨組みは同型のものであり、西日本で幾分、横の関係かキョウダイ関係を重視していることに対して、東日本では、オヤコのつながりの方が濃厚であることが相違する点である。

この土地では、ジンベエザメに付くカツオの群れのことを「ジンベエの子」、クジラに付くカツオのことを「クジラ子」と呼んでいることも心惹かれる。

ところで、勝治翁と話しながら、私が「おじいさん」と呼びかけていることも、自分で懐かしく胸に響いている。思えば、年月は、私の出会う語り手を祖父母の年齢から父母の年齢へと、ゆるやかに移行させていた。今では、めったに「おじいさん」と呼びかけることはない。孫が祖父にねだるようにして聞いた話は、良い話が多かったように思われる。

「もうお会いすることはないかもしれない」とあえて語らずとも、お別れのときには、双方の目がそのことを読み取り合っていた。女川港への高速船は、船の中からしか見えない窓ガラスであったが、乗船すると、先ほど別れたはずの勝治翁が、私の姿が見えもしない船を見送りに来ていた。こちらも、あわてて相手に見えもしない手を振ったが、そのとき船は出島を離れ始めていた。

刻まれたカツオ船名 ―千葉県館山市

カツオ一本釣り漁船の乗組員が参詣したと思われる、太平洋岸における聖地を、しらみつぶしにあるいてきたが、館山の弁天様のことは知らないでいた。ところが、飯倉義之編の『南房総ちょっとむかし』（星の環会、二〇〇五年、一六八頁）の中で、千葉県富浦町多田良の藤新太郎さんが次のようなことを語っていた。

「このへんでこの館山の弁財天っていえば、焼津、土佐。それからえー、仙台あたりのカツオ舟が縁日になっと、お参りに来ますよ」

この一言が気になって、房総半島をめぐる旅中に館山に寄ってみたのが、平成一七（二〇〇五）年の暮れのことであった。以前は鷹《たか》ノ島《しま》という小島にあったものだが、今では陸続きになっているところに弁天様があった。

小さな拝殿に入って、すぐ右側の板壁に、カツオ船を描いた、直径三三・七センチの円い鏡が奉納されていた。昭和三二（一九五七）年五月吉日に「宮城県雄勝港　秋山金毘羅丸」が奉納したものである。

この拝殿を囲む玉垣のそばを掃除していたのが、館山の栄洗寺の住職、小林秀隆さんで、この弁天様を管理しているという。弁天様の祭礼は五月一四日で、昭和二八（一九五三）年から関わっている。以前は、宮城と土佐のカツオ船の参詣は、一〇対一の割合で宮城県が圧倒的に多かったという。

今は土佐の佐賀明神丸ほか、数隻だけが参詣しているそうだが、昭和三一（一九五六）年に造られたという玉垣の石柱には、奉納者としてカツオ船の船名が刻み込まれている。船名が刻まれた二二基の石柱のうち、宮城県一五基・高知県二基・茨城県二基・三重県一基・静岡県一基・神奈川県一基のカツオ船名が読まれ、住職の発言と符合するように、圧倒的に宮城県のカツオ船が多いことがわかった。

昭和32（1957）年に鷹ノ島弁天宮に奉納された宮城県雄勝町のカツオ船の絵（05.12.29）

宮城県のうち、「気仙沼」という文字が銘記されているのは三基、他にもおそらく気仙沼の船籍と思われる船名もちらほら見える。昭和三〇年代の宮城県のカツオ船は、弁天様の縁日である五月一四日ころは漁期の始まりである。オヒマチを済ませたカツオ船は、歌津（南三陸町）の津龍院や金華山、塩釜神社や利府の青麻《あおそ》神社、竹駒神社などの県内の主なる寺社を参詣後、一路、餌イワシを求めて館山へ行き、その沖合あたりからカツオ漁を操業し始めている。漁期初めの参詣ルートとして、この館山の弁天様も選択されていったものと思われる。

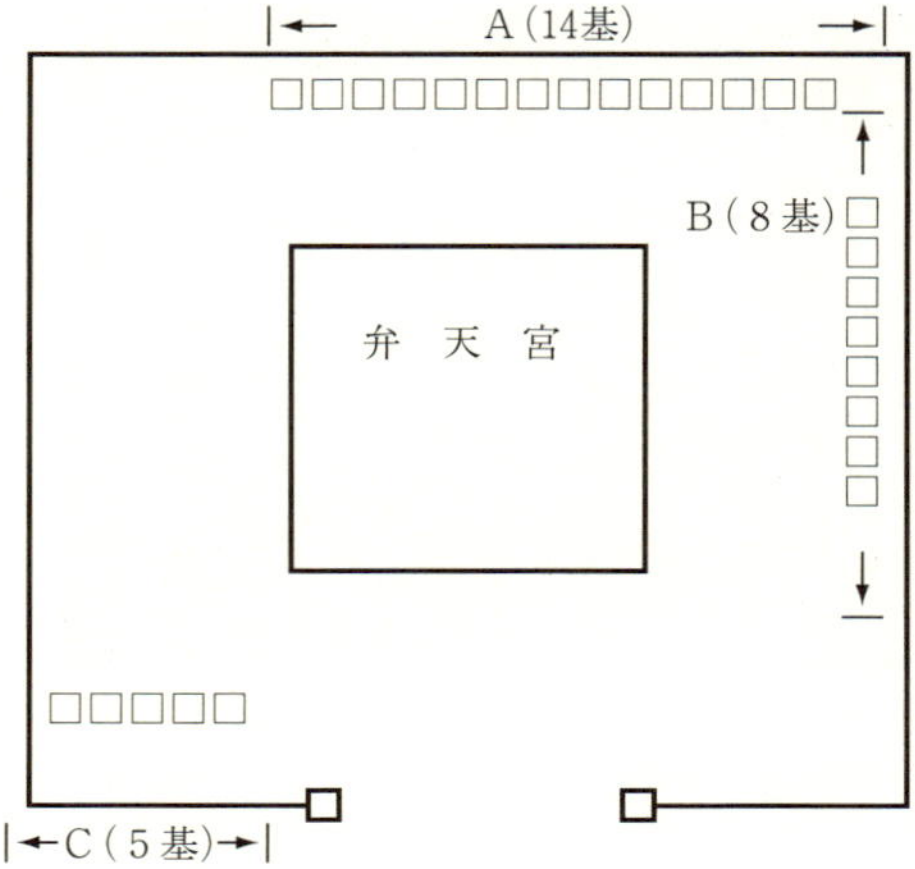

A、
宮城県第一福昭丸
土佐名半利第八広漁丸
宮城県第八号福吉丸
宮城県第十豊丸
宮城県気仙沼第七金生丸
宮城県第五勝栄丸
宮城県第三春海丸
宮城県女川町春海丸
宮城県気仙沼第三勝栄丸
宮城県第十号宝成丸
宮城県第八号進政丸
宮城県第二海栄丸
三重県第一明星丸
伊豆下田第一廣漁丸

B、
宮城県第十二号恵比寿丸
宮城県第八福長丸
茨城県第一大神丸
土佐名半利第三広漁丸
茨城県第一大神丸
宮城県気仙沼第三海成丸菊田
宮城県第五号進進攻丸
三崎第一宝昌丸

C、
館山松竹
館山銀映
東映北條キネマ
館山劇場
船形クラブ

鷹ノ島弁天宮の平面図と玉垣の碑文
（2006年5月14日に調査）

玉垣の奉納者はカツオ船だけではなく、正面に館山市内の五つの映画館名も見える。館山にカツオ船が寄港すれば、当時は映画館が満員になるくらいの盛況であったことだろう。弁天様の玉垣の奉納に一口加わった理由である。

その後、祭礼は翌年の小雨の中、拝見することができた。黒潮を通したカツオ船の交流は、以上のような実証的な資料を積み重ねることによってしか、その歴史を描けないのではないかと思われる。

幻のカツオ漁 ―東京都・神津島

カツオで栄えた島

平成一一（一九九九）年の八月は、東京湾上の「かめりあ丸」で迎えた。首都の灯が少しずつ闇夜に消えていくまでは心地よかったが、二等船室に横になってからは、たいへんだった。「マジ?」とか「超ムカツク」とか「メッチャ何とか」など、とどまることのない大勢の若者言葉を聞きながら眠るのは、船の揺れより困難を極めた。

ぼーっとした頭で、伊豆七島の一つ、神津《こうづ》島に着くやいなや、さっそく神津島漁協から紹介された、前田吉郎翁（大正一〇年生まれ）に会うことにした。吉郎翁は昭和二五、六年くらいまで行なわれていたカツオ船に乗ったという、神津島では最後の世代である。戦災で鰹節工場が何軒も焼失したことが主な原因であるが、昭和七〜八年ころの最盛期には、「内地」の焼津のカツオ船などが浜に押し寄せたことも遠因となった。

この神津島は、カツオ漁で栄えた島であり、かつては障子紙を紙幣で貼ったという言い伝えもある。神津島の式内社、物忌奈命《ものいみなのみこと》神社の境内には、文化文政時代に多くの「江戸問屋」から奉納された狛犬があり、それらはカツオ節の問屋であったと伝えられている。

漁場は、神津島の西方約三・九キロにある無人島、恩馳島《おんばせじま》付近。本格的なカツオ漁がなくなった現在でも、多くの魚類が集まる海域で、漁師たちは「島の藏」だと称している。カツオの餌は、トウゴと呼ばれるイワシで、神津島の周囲三三・三キロを巡りながら巾着網で捕った。島の周囲に集まるために、カツオ船をはじめとして、遠くまで泊まりながらの漁は、近年のトビウオ漁まではなかった。畑を耕しながら、カツオの一本釣り漁の様子を見ることができたというから、神津島は漁場に浮かぶ島であったと言っていいだろう。

寝宿とカツオ漁

前田吉郎翁の話では、昔は島の旧家がカツオ船を持っていたが、全盛期には、島の「組」で、三〜四隻は所有していたという。「組」は「支部」とも呼ばれ、それ以前の若者宿（寝宿《ねやど》）を基盤とした集団であり、漁協とは直接に関係はない。組の名称も、「松南組」（松本南兵）・「石嘉組」（石田嘉衛門）・「松盛組」（松江盛）など、寝宿の主人の姓名を縮小した屋号で呼ばれ、カツオ漁の時代に八組もあった組織も、平成一一年はこの三組のみになった。

八つの組は、島を八等分にして、その海域をカツオ漁に限らず、一日交替で漁をしながら巡る慣習もあった。時間は日の出から日の入りまで、他の組が入ることができない専用漁業権をその海域で一日得られた。天候や漁運によって、当たりはずれの大きい慣習であったため、正月一四日には、神社で「組」の順番を決める籤を引く行事も行なわれていたが、現在は儀礼的に三組の代表が関わっている。

前田翁は、カツオを釣ることが採算に合わなくなっても捕り続けた。「カツオを釣るのは面白いからね、止められなかった」という。

神津島の年中行事

神津島には、前述した正月一四日のクジ祭りのほかに、二日に「乗りそ（初）め」という行事もある。カツオ船の船頭が薪を持って、オカにつながれている船に乗り、その薪をカツオに見立てて、釣る真似をする。船頭は「トーリカジ、トーリカジ！」と、カツオを釣るトリカジ（左舷）のことを叫んだ後に、「船主、餌飼え、餌飼え！」と呼ぶ。すると、船主が船上から餅やミカンを撒き、子どもたちがそれを拾いに集まってくる。

「餌を飼う」とは、ここでは「餌を撒く」ことを意味する。餌を撒くことでカツオを集めるわけだから、「餌でカツオを飼う」あるいは「餌を飼う」という表現も意味のある言葉であった。乗りそめのときに集まってくる子どもは、ここではカツオに見立てられている。

神津島にはもう一つ、この「乗りそめ」と同様のことを演じる行事がある。それが、国の無形民俗文化財に指定されている「カツオ釣り神事」であり、物忌奈命神社の祭日に行なわれている。祭日は八月二日、私が神津島に渡った最大の調査目的の祭りが、これから行なわれようとしていた。

カツオ釣り神事

カツオ釣り神事は、二日の夕方、神輿が神社に戻る四時ころから行なわれた。神津島の若い漁師たちを中心に、八人ずつ、三隻の模型のカツオ船に乗り込めるだけの人数が参加する。カツオ船の模型は、能の「船弁慶」に出てくる船の作り物に似て、人が中に入って両手で持ち上げることによって船らしくなる。

三隻の船が「エイシ、エイシ！」という艪拍子を口にしながら、急ぎ足で登場すると、拝殿の前に並んで座り、宮司からお菓子の入ったタモが各船に渡される。三隻は前述した神津島の伝統的な漁業集団の三組に由来している。

全員が立ち上がって、一番先の船の船頭が「ホーレ、おじいら、兄いら、沖のナムラを見りゃあま。ひとっぱらい出てみんべえじゃないか！」と掛け声を掛けると、若い衆が、それに答えて「出んべえ、出んべえ」と唱和し、船頭が「オモーカジ、トーリカジ、トーリカジ！」と叫んで、またエイシ、エイシと艪声を掛けながら、村人たちが集まっている境内へ出て、トリカジ回りで二回まわる。

境内に着いたら、「おぉ！ナムラだ、ナムラだ！　餌飼え、餌飼え！」と、船頭が語ると、釣竿につるした模型のカツオを、一本釣りのようなしぐさで振りながら、一方では餌に見立てた菓子を撒き、子どもたちがそれを拾い始める。カツオ漁に見立てた、一瞬の賑やかさが境内に広がる。

菓子が撒き終わると、三隻の船がまた並び、港に着いた様子も再現する。「早く、イサバを呼べ！」と船頭が語ると、仲買に知らせる「浜役」がカネを振りながら登場、その後、セリが行なわれ、頭に桶をささげた女装の若者が一人登場し、道化の役割を果たしている。平成一八（二〇〇六）年に再びこの祭りを拝見したときには、「浜役」は神津島漁協の組合長がカネを振って演

「エイシ、エイシ！」と艪声を掛けながら「カツオ船」が登場する（99.8.2）

7年ぶりの2006年にも見ることができたカツオ釣り神事（06.8.2）

じていた。

一度もカツオの一本釣りを経験したことのない漁師たちの演技であるわけだから、お年寄りたちのなかには、彼らのしぐさに不満をもらす者も多い。昔の神事の服装は、カツオを抱いたときにすべらないボッダという綿入れを着たという。神事の始まる前に、若者たちが社務所に集まって、昭和四八（一九七三）年撮影の神事のビデオを見ながら学習しているのも、ほほえましい。

直会の席で、二番目の船頭役を果たした石田好海《よしみ》君から「飲めじゃ！」と出された焼酎は、また格別な味わいであった。境内にふりそそぐ蝉しぐれの中、タカベという魚の刺身と島焼酎に舌鼓をうち、見上げれば林間に、まだ暮れ残る青空がのぞいている。よろりと立ち上がって帰るときには、動く船の上を歩いているような足運びだった。

西伊豆小記 ―静岡県西伊豆町・伊豆松崎町

昭和六二（一九八七）年九月一三日から一四日にかけて、気仙沼市の浜田茂穂氏を団長とした伊豆松崎町への視察旅行に同行をする機会を得た。その機会に同（静岡）県賀茂郡西伊豆町田子、同郡賀茂村安良里《あらり》（現伊豆市）等の漁村を中心にして単独であるくことを許してくださったので、その経過を簡単に記しておきたい。

田子漁協にて

田子漁協には、現在（一九八七年）お元気であれば九〇歳過ぎの、カツオ漁に従事していた方の録音テープが保存されていることを聞いていたので、そのテープを聞きに行った。録音テープは昭和五〇（一九七五）年に山本久雄氏が採録したもので、テープの中で、昔のカツオ漁のことをお話しているお年寄りは皆、故人になっている。話者は皆、田子の出身であり、山本嘉平、福田久四郎、山本栄二の各氏であり、未発表の貴重なテープであった。

田子は昔から周囲の漁村に比べてカツオ漁が盛んであった。漁協参事の椿智欣氏のお話では、海ぎわまで山がそり出している田子の地形がカツオの群れを呼び込んだそうである。録音テープのお年寄りの話の中にも、昔から魚が付かなくなるから山の松を伐るなと言われていたそうである。三陸沿岸において初めて、紀州からカツオの「ためつり」(一本釣り)の漁法を定着させた唐桑町(現気仙沼市)の鮪立《しびたち》も同じような地形であることに驚かされる。人間や技術の移動をもたらしたのが、カツオ自体の移動を基礎としているという当然なことを、いまさらながら確認した次第である。

安良里の正月行事

安良里の鰹節屋、タケヤの主人である高木豊作さん(明治三一年生まれ)は、若いころに本家のカツオ船であるコセイ丸と毘沙門丸に乗った方であり、カツオ漁の習俗をよく覚えていられる。

たとえば、この地方では、正月の風習の一つに、カツオ漁の終了期に塩漬けしたシオガツオを「正月魚《しょうがつうお》」と言葉を重ねて縁起物として、家に入ってすぐのところに掛けておくが、この魚のことを「カケノオ」とも言っている。正月二日の「乗りそめ」には、船員たちが集まって、船主のカケノオを船に持って行き、フナガミにお供えしてから手を合わせる。その後、カケノオを小さく切って、船員たちに分配し、鰹節工場に働く人にまで分け与える。

その次には、船のトモからオカへ向かって、塩漬けのサンマやミカンを投げ、近所の者が拾いに来た。「乗りそめ」の日に、カツオの大漁をまねる行事であるが、エビス講の日にも家の二階からミカンを投げ、それを子どもたちが拾いに来るという。

また、安良里では、実際に大漁をしてきたときには、船主の神様にエビスと称して、カツオを一本渡すが、船主はその後でエビスのホシ（心臓）を抜き、海へ向かって「ツィヨゥ！」と言いながら投げ上げるという。

安良里の「若衆宿」

伊豆半島は、本州の太平洋側の三浦半島・渥美半島・志摩半島・紀伊半島と並んで「若者宿」や「寝宿《ねやど》」が著しく発達していた地域である。今回の旅行の一つの調査目標でもあったので、若者宿について、安良里の釣船新川丸の鈴木市兵衛さん（明治四四年生まれ）からお聞きする。

安良里では、この宿のことを「若衆宿」と言っている。男の子が一五歳を過ぎると、「青年団消防隊」の小使いを二年務め、それ以降は、仲の良い者同士が三～四人寄り集まって、宿を作ることができるという。

若衆宿のことをチュウヤとも言うが、この宿にする家は必ず夫婦のそろっているところに限られた。宿は他人の家を用いるほうが一般的であって、若者が結婚するまでの四～五年間を二階の座敷などを借り、食事は各家でとっても寝るときだけは、この宿に集まった。

宿への御礼は、正月や盆に使う程度であり、宿を解散してからも、宿のオヤジを婚礼に招待したり、宿の不祝儀に手伝いにいったりして関係を続けた。宿の仲間のことは「寝兄弟」と言い、生涯にわたって親戚同様のつきあいをした。

宿では主に、自分の好きな女の子の話をしたといい、仲間にその仲介をとってもらうことも多かったという。実際に女衆が宿に遊びに来て、そのような機会に生涯の伴侶となる人を見つけた。このことを周囲の浜では、はやり唄に「安良里良いとこ女ゴのヨバイ　男極楽寝て待ちる」と歌った。

ところが、気仙沼地方の民謡である「島甚句」の中にも、「名振船越《なぶりふなこし》女のヨバイ　男極楽で寝て待つる」という、同じような歌詞がある。西伊豆と三陸とで、どちらの地方からの伝承であるかは定かでないが、少なくとも浜々をめぐりあるいた漁師の歌声を通して伝承が広がりを得たことは確かであろう。宮城県雄勝町（現石巻市）の名振や船越の浜は「契約講」はあっても若者宿はなかった。

また、安良里の若衆宿の仲間は、近所で誘い合うというより、同じカツオ船の先輩たちに連れられていったほうが多かったという。田子でヤドのことをお聞きしたときも、船員同士や鰹節工場の職人同士で集まったという。逆に、船員同士のヤドの仲間の、気心の知り得た関係が、そのまま船上の生活まで持ち込まれたにちがいない。

松崎の鰹節工場で

旅の終わりに、伊豆松崎町でも数少なくなった鰹節工場を経営しているカツオ一本釣り船甚栄丸の船主、福本清作さん（明治三六年生まれ）に会う。福本さんは田子の出身であり、大正の末期から昭和の初めにかけて、気仙沼の方へ毎年、節けずりの職人として出稼ぎに来ていた。

季節は七月から一〇月なかばにかけてであり、主に木田屋《きだ》や村米《むらよね》（どちらも魚問屋の屋号名）の鰹節工場へ四人くらいの仲間を組んで職人として入ったという。学校の教師が月額一二円の給料のころに、月に七〇円もいただくくらい優遇された。田子の節けずり職人は、カツオの頭おしからカツオ節の最後の仕上げまで幅広く器用にこなすので重宝がられたためだという。後には、気仙沼の方からも工場長などが田子へ技術の研修に来たという。

福本氏の若いころは、二月中旬から四月末までは鹿児島県の山川や枕崎で仕事をして、五月から六月までは田子に戻って勤め、それ以後は気仙沼で暮らしたという。毎年、カツオの北上と共に移動していたわけである。遠いところでは「南洋物産」という会社のすすめでサイパンまで行っている。

私が松崎から帰る日の朝早く、福本さんから電話が入る。前の晩に思い出されたことを二つ三つ話された後に、「昨日は、ずいぶん給料が高かったと言ったけど、わしら一人前になったばかりで、技術もへたで、かなり苦労したもんです。そのこと覚えとって下さい」と、一言添えて下さった。旅の疲れも吹き飛ぶような、さわやかな一言であった。

総じて私が今回お会いしたお年寄りの漁師さんや節けずりの職人さんは皆、「気仙沼から来た」と言うと、「あぁ、気仙沼か。あそこにはオレも行った。いい思いをした」と、目を細めて語ったが、その一人ひとりの笑顔が忘れられない。彼らにとって、西伊豆と気仙沼との距離感は、われわれ以上に近いのではないかと思われた。

カツオ漁の儀礼と食文化 ―静岡県伊豆松崎町岩地

岩地《いわち》は伊豆の松崎の南に位置し、戸田や田子と共に、伊豆半島ではカツオ漁の基地として栄えた漁村であった。今では誰が名付けたものか、「日本のコート・ダジュール」と呼ばれる避暑地として観光化された浜である。

初漁祝いのカツオ料理

平成一五（二〇〇三）年に、この岩地の、当時、松崎町漁協の組合長だった齋藤元久氏（昭和二年生まれ）の自宅を訪ねた。齋藤組合長の話で印象深かったのは、岩地のカツオ船がニアイ（初漁）のときに食べるニアイナマスのことだった。

船主の庭で火を焚いて、三枚におろしたカツオを火であぶって切り、それを塩味にして、ヨバチ（魚鉢）で岩地の村じゅうに配ってあるいた。ツワブキ（フキ）の葉に棒をさして三角の容器を作り、それにカツオを入れ、カツオの骨の味噌汁などもつくって、宴会となった。岩地の諸石《もろいし》神社には、ヘノリ（若い衆頭）が、カツオの背皮を三枚、塩漬けにしたものを塩水で清めてから、オナマ（ナマス）として上げたという。

初漁のカツオをどのように食べるかということは、各地でさまざまな伝承が残されている。田子では初漁祝いのときだけ「塩ナマス」と呼んで、サシミを酢と塩とで食べたという。気仙沼地方のように、それをアズケと呼び、年寄りとカシキだけに食べさせたという事例もある。いずれにせよ、伊豆地方で、塩で清めなければならないほどの神聖な魚であった。

岩地では、ツワブキの容器でカツオを食べるニアイナマスが、「大漁まつり」という近年に創られた祭りの中で残されている。大漁まつりは五月の第三日曜日と決まっているが、この季節にこそ、かつてカツオの初漁祝いが行なわれていたのである。

遠洋漁業の村

七年後の岩地行きは、大漁祭りでこのニアイナマスを食べてみるということと、齋藤前組合長に再会することが目的であり、また楽しみでもあった。しかし、観光客の車の誘導をしていた齋藤健二さんに組合長のことを訊ねたところ、昨年に突然、他界されたという。

こちらの齋藤さんからは、祭りの準備で忙しくあるきまわっている岩地の区長さんを紹介してもらった。前組合長の甥であったからである。また、遠洋漁船に乗っていた漁師さんをつかまえては、「この人は宮城から来た人だ」と言って紹介されたが、気仙沼へはサンマ漁で来た漁師が多かった。

ある漁師さんからは、立ち話をしながら、ずいぶん詳しく岩地のことを教えてもらった。岩地には昭和の四十年代前半まで、三軒の家で大型船を所有していた。岩地丸（二九〇トン）四隻は、各船に二〇人ずつが乗り組んだマグロ延縄船であった。皆徳丸（四九トン）一五人乗りと岩地丸

（一〇〇トン）は近海のカツオ船であった。

マグロ船の始まりのころには一カ月の航海であったが、後に六〇日になり、昭和三四（一九五九）年ころから「百日航海」という言葉が定着し始めた。カツオ船は四月から八月までは八丈島から小笠原諸島を漁場として活躍し、八月から一一月までは同じ船がサンマ船になって東北地方を目指した。

岩地には体の弱い男と女性と子どもしかいないと言われたが、漁師の仕事は金遣いさえ荒くなければビル一軒が建ったような、良き時代でもあったという。

このような話を聞いた後、「お名前を教えてください」と訊ねたら、「民宿大清水のオヤジさんと書いてくれ。ハチマキの似合う人だということも書くように」と言って、くるりと背を見せ、祭りの人ごみの中へと消えていった。異論はなかった。

大漁祭りの中で

平成二二（二〇一〇）年で三四回をむかえる岩地の大漁まつりは、観光客向けにつくられた祭りであるが、きっちりと当時のカツオの初漁祝いの手順を踏んでいて感心した。

まず、大漁旗を掲げた岩地の小型船が数隻、海上と湾内を左回りに三回まわる。次にそれらの船が浜に近づいて、カツオ一本釣りの再現をする。最後に一隻残った船から、カツオを手に持った漁師が浜に下りて、そのまま諸石神社まで駆け上る。

観光客は拍手をしながら、その漁師が走る道をつくるように人垣を分けたが、後を追いかけて一緒に走っていたのは私だけだった。初漁祝いをどこまで再現しているのだろうかということに興味津々だったからである。

漁師さんは拝殿に上がり、カツオを一本丸ごと上げた後、勢いよく太鼓をドンドンとたたいて「ツイヨ！大漁」と言って拝んだ。それから、船主に見立てられた齋藤の大家（屋号名）に行ってカツオを奥さんに渡すと、奥さんはご祝儀を渡した。

カツオを神前に上げてから，太鼓を勢いよくたたき，「ツイヨ！ 大漁」と言って拝んだ（10.5.16）

そのご祝儀は、現在はさらに観光協会に渡される。カツオを奉納した漁師の役を務めた齋藤芳右衛門さん（昭和一二年生まれ）によると、以前は船主のご祝儀を船まで持ち帰らないうちは、大漁旗を下さなかったものだという。

すでに浜では、カツオを三枚におろしたものを男たちが焼き、女たちはそれを包丁で砕いて塩を混ぜ、ツワブキの容器に盛って、観光客に振舞っていた。ツワブキは伊豆松崎町の「町の花」であり、この季節には道の脇からも採ることができる。

焼かれたカツオとツワブキの香りが良く、幼いころにこの岩地で育った者ならば、この季節になるとこのニアイナマスを食べたくなるものだという。カツオ船のなくなった今、この記憶を再現するためにこそ大漁まつりが創出されたのであり、単なる観光客を適当に喜ばすためだけのイベントではなかった。

さらに、カツオ船がなくなった岩地では、他の漁の大漁を願う儀礼として、カツオの初漁祝いを再現することが象徴的であり、欠かすことができなかったのである。

岩地の諸石神社に奉納されていた，気仙沼の本田鼎雪画伯が描いたカツオの絵

さて、岩地ではもう一つ収穫があった。諸石神社に気仙沼の本田鼎雪《ていせつ》画伯のカツオの絵が奉納されていたのである。奉納者は岩地水産株式会社取締役社長の齋藤治郎左衛門で、平成三（一九九一）年六月八日に奉納されている。

鼎雪のカツオの絵は、静岡県の御前崎の駒形神社でも、三重県尾鷲市三木浦の船主宅でも発見したことがある。旅先で故郷の者と出会ったような気になり、誇らしげに「気仙沼の画家ですよ」と説明できる。カツオ漁の基地をめぐる旅の、密かな喜びの一つである。

カツオ一本釣り漁のまちで ――三重県志摩市和具

一

和具のマンドウ船

どこへ行っても夾竹桃《きょうちくとう》のピンク色の花が見え隠れしていた旅だった。三重県の志摩半島の先、大王崎のそばを車が通っていることは、そのピンク色の花の向こうに、白銀を流したような午前の海が光っていたことで知れた。車は今、大王町を離れ、御座《ござ》岬へ向かって西へと走っている。目的地は志摩町（現志摩市）の和具《わぐ》、このカツオ船の基地の港で、「潮かけ祭り」が行なわれようとしていた。潮かけ祭りは、旧暦六月一日に行なわれている大島神社の祭典である。大島神社は、太平洋に面した和具港の南、約二・五キロ先に浮ぶ大島と呼ばれる無人島に鎮座している。

常には磯漁師か海女しか行くことのない無人島に、祭日には和具の船が列をなして近づき、船員たちが上陸して参拝する。和具の八雲神社の祭神、市杵島姫命《いちきしまひめのみこと》が里帰りする日とも言われ、御神体はマンドウ船と呼ばれる船に乗って大島まで渡る。

マンドウ船は列の最後に出るが、市場前には大漁旗を何枚も空高く揚げ、「八大龍王」と記された印旗を付けた「徳栄丸」が着岸しており、どうやらこれがマンドウ船らしかった。マンドウ船は毎年、新造船が当たることになっていた。

無人島に渡る

気仙沼の知人から紹介された、和具の岩城功氏のところへ、前日の晩に電話を入れてみた。奥さんが出て、功さんはカツオ船に乗って、三陸の方へ行っているとのこと、思わぬすれ違いになってしまった。

「潮かけ祭り」に来たことを告げると、奥さんも明日は朝から祭りに参加するという。岩城さんの奥さんは海女さんで、漁船よりも早くに大島に渡り、目の前の海で、神前に供えるアワビやサザエを捕る役割があった。

「お互いに面識がないから、会えんかもしれんね。私らは先に行っとるで、後に出る船は誰でも乗せてくれるから、言うてみんさい」、電話の向こうで奥さんが語った。

和具港で、どの船に乗せてもらおうかと、うろうろしていると、気仙沼から来たということを聞きつけた女性が私を探していた。もしかして岩城さんですかと尋ねたら、彼女は山本ひろ子さんという、気仙沼から嫁いだ方だった。やはり、ご主人とはカツオ船がとりもつ縁だったらしい。

ご主人の山本義昭氏は、この「潮かけ祭り」では、毎年、漁協の監視船を用いて、祭りの取材者を乗せて参加していた。「渡りに船」というか「便乗」というか、とっさに船に乗せてもらうことにした。記録ビデオのカメラマンや、志摩町の広報担当者、それに、ひろ子夫人と娘さんに、その友人たちを乗せ、船は大島へ列をなして進み行く漁船の後を追った。

海女の祀り

海女さんたちを乗せた船は、私が漁港に着いたころには、次々と港を離れていった。どの船も、カラフルなバケツを数多く積んでいたのは、大島で神事を終えて帰港するときに、お互いに潮水をかけ合うためである。「潮かけ祭り」の名はこれに由来するが、潮水をかぶればかぶるほど大漁するという。

お祭りの参加者は最初から水をかぶってもよいような装いで乗船しており、なかには水着姿の若い女性もいた。

わが取材専門船は、海女さんたちが潜っている近くまで行って、撮影した後、いよいよ大島に上陸した。上陸といっても、着岸できる設備がないので、波の打ち寄せる砂浜に、歩み板のようなものを下ろし、下半身を水に濡らしながらの第一歩である。

市杵島姫神社（大島神社）と八大龍王の、ひととおりの神事の後、石段の下から、にわかに拍手の音が聞こえた。参拝者をかきわけて上ってきたのは、アワビやサザエを、まな板に載せて持ってきた海女さんたちであった。

海女さんたちは、かわるがわる神前で頭を下げ、「大漁！」とか「ツィヨ！」と言いながら、新しい収穫物を上げる。パイナップルを縦に切ったような大きさのアワビが、神前で身を動かしている。

和具では、この祭日と盆前を除き、大島でアワビを捕ることは禁じられている。そのために、大きなアワビも捕れるのだろうが、このようなアワビを捕るのは、フナドと呼ばれている、夫婦まわりで漁をする海女さんであるという。

海女さんたちは、砂浜にそれぞれの船名旗を立て、その旗の下で休んでいる。試みに、海女さんの一人に近づいて、「岩城功さんの奥さんはどこですか？」と聞いてみた。すると彼女は、はにかみながら、となりの海女さんに、「ねぇ、あんた知ってる？　岩城功さんの奥さんはどこですかって」と尋ねては、また笑った。

となりの海女さんは、黙って彼女へ指をさした。なんと私は、他ならぬ岩城功さんの奥さんに向かって尋ねていたのである。大島神社のおぼしめしか、数多くの海女さんの中から、私は難なく彼女に出会うことができたのである。

潮かけとカツオ漁

砂浜で岩城さんと話をしているうちにも、目の前では、後ろから不意にバケツで水をかけられる人が出てきた。「シャツが乾いていると水をかけられるよ」と、年のめした海女さんが教えてくれた。

早々に大島を引き上げようとすると、すでに帰りの監視船の付近でも、水をかけ合っていた。遠慮もなしに水が飛び交うあいだを抜けて乗船はしたものの、船が海上に出ても安心はできない。まるでお互いが海賊船に早変わりしたように、近づいてきては、散水器やホースまで使って水をかけてくる。

山本さんの奥さんが、他の船が近づくたびに、「後ろだ！」、「左横だ！」と教えてくれる。そのたびに、小さな機関室の回りをぐるぐると走り巡り、側板にヤモリのように張り付く。ある程度、写真を撮ると、カメラだけは機関室に投げ入れ、四方から飛んでくる水を避けながら逃げ回ることに専心した。

ホースで水をかけられている最中にもカツオ漁の模擬儀礼は続けられた。シオカケは長竿によるカツオ漁から生まれたと思われる（01.7.21）

大きな船では、潮かけばかりでなく、カツオ漁の模擬儀礼をしている。昔は大島に咲くハマユウの白い根を用いたというが、現在ではハマユウは天然記念物として保護されている植物である。

和具のカツオ船では、その昔、シオカケという名の、一・五ヒロの長さの釣竿を用いて、自ら潮をかけながら釣り上げたものだという（『志摩の民俗』、一九六五）。おそらく、この「潮かけ祭り」も、カツオの予祝儀礼のほうが先にあったと思われる。

大島からの帰りの儀礼は、市杵島姫が和具に初めて渡ったときの神話的時間を再現するとともに、それは同時にカツオ漁の起源伝承を演じるものであったと思われる。

早々に和具港に逃げ帰ったが、他の船は狭い港内に入ると、ますます潮かけに集中した。港の見物人にもホースの水が飛び込んでくる。それまで何とか逃げ通した私も、市場で不覚にも後ろからバシャッとかけられた。振り返れば、バケツを手に持った女の子が無心に笑っている。これで私も祭りに参加する資格が得られた気がして、苦笑いを禁じ得なかった。

二

一枚の写真を求めて

平成二二（二〇一〇）年に気仙沼港に初めてカツオを水揚げした一本釣り船は、三重県志摩市和具の第二十七源吉《げんきち》丸であったが、船主の山本憲造さん（昭和五年生まれ）には以前から親しくしていただいている。

同県田曽浦の郡《こおり》義典さんが、カツオ一本釣りの船主会の総会で、「気仙沼の者で、金華山踊りの写真を探している者がいるが、誰か持っていないか」と、私の願いを披露したときに、「あるぞーっ」と言って真っ先に手を上げてくれたのが山本憲造さんであった。

それ以前、和具の「潮かけ祭り」に行ったときに、気仙沼から和具に嫁いでいた女性に導かれて、塩水をかぶった汗だらけの私をソファーのある部屋に通して、お会いしてくれたのも憲造さんであった。

平成一七（二〇〇五）年に『カツオ漁』（法政大学出版局）を発刊するときには、山本さんのアルバムから接写したカツオ船やカツオ漁、そして金華山踊りの写真を三枚ほど掲載した。もう一枚の写真は、山本家でカツオ漁の漁期中、毎朝、海に向かって上げているお膳を私が撮影したものだった。

その『カツオ漁』の掲載写真の中で、物だけでなく人間が関わっている様子の写真に代えたいものが三枚あった。静岡県御前崎の「カツオ釣り体操」に使用された船と、三重県尾鷲市須賀利の石経の石、そして、この和具の山本家のお膳であった。

カツオ釣り体操については発刊までに間に合い、船上の石経の様子は二〇〇八年の正月に撮影できた。和具の浜でお膳を上げている写真については、再度、山本憲造さんに頼ってみた。

漁期中は毎日、夜明け前の薄暗い時間の、誰にも会わないときに船主の奥さん（現在は憲造氏の嫁）によって行なわれるというので、奥さんが出かけるときに、和具の宿にいる私の携帯電話に連絡をしてもらうという約束をして、朝を待つことになった。

「ねず鳴き」を聞く

午前五時になる少し前、玄関に明かりがついている山本家にお邪魔した。すでに山本寿子さんが、私が以前に撮影したときと同様のお膳を用意されていた。

お膳の上には、洗米とお神酒の他にカツオ節が載っている。このカツオ節は、源吉丸の初漁の

和具のカツオ船の船主宅では，漁期中毎朝，浜に出て大漁と安全を祈る。神様に上げるお膳には，初漁のときに作ったカツオ節が載っている（10.8.29）

カツオを二～三匹いただき、寿子さんの手によって作られる。第二十七源吉丸の初漁は一月一〇日過ぎで、一～二週間ほどの最初の一航海は和具に水揚げする。

寿子さんによると、二～三匹のカツオを三枚おろしにしてから煮て、天日に干し、さらに焼いてから、形の良いカツオ節を神様用として選ぶという。

少し明るくなったからと言って、お膳を手に持って、浜へ下りていった寿子さんは、渚にかがんで、波に洗われている平らで小さな石を三個拾ってから、横に並べた。その並べた石の左から右へ向かって、お膳の箸で洗米を上げ、カツオ節も上げる所作をしてから、最後にお神酒を上げて合掌した。拝む方向には神様を祀っている和具の大島が見える。

和具には平成二二（二〇一〇）年現在、源吉丸のほかに、甚一丸・安一丸と計三隻のカツオ船が操業しているが、他のカツオ船でも、自宅から近い浜で船主の妻たちが、同様の祈りを毎日行なっている。

浜から自宅までの帰りには、毘沙門天王のお堂を道から拝み、山本家の石塀に埋め込まれた「外の神様」を拝み、さらに家の中に入って、「中の神様」とエビス様、金比羅様のお札がある床の間と、お膳を持ちながら三カ所を続けて拝んだ。そのとき寿子さんは、三カ所共に、チュ、チュと口を鳴らした。民俗学では「ねず鳴き」と呼ばれるものである。

この「ねず鳴き」は、伊豆半島で捕れたばかりの魚をエビス様などの神様に上げるときに語る「ツィヨ！」や、三陸沿岸の「トー！オエビス」の「トー！」に通じる呪言である。

カツオ漁が終了して、浜に下りない季節にも、中の神様だけは毎日拝むが、そのときはお膳も持たず、口も鳴らさないという。漁期が終わった後のお膳のカツオ節は、味噌樽の中に入れてしまうという。

和具と沖縄漁師

和具の同じ浜では、夕涼みに海女小屋のようなところにお年寄りが集ってくる。そこへ行けば昔のことを聞くことができるよ、と教えられて顔を出してみた。

「気仙沼から来た」と言ったら、海女を経験したお年寄りの一人が「そうしたら、うちの父さん（夫）の息子かもしれんね」と言って、周りを笑わせた。和具では妻が海女で、夫はカツオ船の漁師という組み合わせが多く、夫は家を離れて各地の漁港にいる方が多かった。この媼の一言が、気仙沼と和具の関係の全てを語っているような気がした。

私が和具の港で聞きたかったことの一つは、終戦後、間もないころに、沖縄の漁師たちが、この和具の沖で追込み漁を行なっていたことである。

小屋に集っていた九人のお年寄りも、そのことについては、いくらかの記憶があった。大山忠文さん（昭和一〇年生まれ）の話では、沖縄の漁師たちは、和具大島の後ろの「神の島」で半年ほど、タカベ・イサキ・グレなどの魚を追込み漁で捕っていたという。二艘の木船を用いて網を入れ、両目にメガネを付けて潜り、錘の付いたヒラヒラしたものを手に持って、魚を網に追い込んだ。

伊勢湾の奥から流れてきた人たちだったというが、浜に飯場を建て、六〇人くらいが、和具に住んでいたという。敗戦で沖縄に帰れなくなった漁師たちが集団を組んで追込み漁を行なっていたわけだが、昭和二四（一九四九）年にもなると、沖縄に帰ることが可能になり、自然と解散に至った。

大山さんによると、それでも五名の者が和具の近辺に、地元の女性と所帯をもって暮らし始めたという。「ヨヨコさんのところへ行ってみなよ」、と皆が声をそろえて教えてくれた。浜口代々子さんの夫は、その沖縄漁師であった浜口長幸さんであり、惜しくも昨年に他界されていた。

沖縄漁師と共に

翌朝早く、家にいた浜口代々子さん（大正一三年生まれ）のもとを訪ねた。代々子さんは二四歳のときに、沖縄の伊平屋《いへや》島出身の前里長幸《ながゆき》（沖縄名ではチョウコウ・大正一二年生まれ）と結婚をした。

和具の沖で、若くして追込み漁のオヤカタをしていた長幸さんを、代々子さんの父親が見込んで、一緒になったという。追込み漁は鉄の輪何枚かを、白いキレの付いたロープにつなぎ、音を立てながらイサキやシマアジを袋網に追い込んでいた。

結婚後は、和具の生業習慣に従い、長幸さんは笹山丸や新宝丸などのカツオ船の一本釣りの漁師になり、代々子さんは海女になった。手先の器用な人だったらしく、水に浸しておいたグミの木を用いて、小刀で水中メガネのフレームを作った。しかし、海女のメガネは一眼鏡であり、メガネに関する技術の交流はなかったという。

和具の小林定司さん（大正一三年生まれ）によると、ここには二隻の底曳き網を用いる「打ち網」と呼ばれる追込み漁があったという。白いキレを結んだロープに石を付け、それを舟の上から海に放って魚を網へ追い込む漁法である。

人間が海の中に潜って用いるかどうかが沖縄漁師と違っているだけで、追込み漁具にそれほどの違いはなかった。伝承か、それとも偶然に同じものを作り出したか、それは不明であるが、「海の十字路」でもある和具は、三陸や沖縄とこんなに近かったのである。

熊野灘のカツオ漁 ──三重県尾鷲市

昭和六三（一九八八）年の一一月二六日と二七日の両日にかけて、三重県鳥羽市において第五回和船研究会が開催された。前年の神奈川県平塚市での会合を除いて初回から自費参加をしていた私は、今年も財布の底をはたいて参加をしてみた。研究会の当日より幾日か早めに出かけ、尾鷲市から和歌山県新宮市にかけての漁村を巡り、潮岬まで至った。旅行に必要なあらゆる品物を詰め込んだ重いカメラバックを肩に掛け、体を傾けながらあるきまわったこのときの尾鷲の旅について簡単に記しておきたい。

須賀利の漁村にて

東京の漁村文化協会から、尾鷲に行ったら須賀利という漁村の漁協組合長に会ったらいいですよ、という情報を得ていたので、尾鷲に到着すると早速、須賀利へ向かう。船で行ったほうが便利と言われて桟橋まであるいたところ、すぐに船が出る様子であり、手招きされたので急いで乗船する。一〇人ほどがやっと乗れるくらいの小さな船であり、船尾の船室へ膝を突き合わせるようにして腰をかけ、二〇分くらいで尾鷲湾を東に渡り、須賀利に到着した。後ろに小高い山を背負い、山の斜面に沿って階段状に集落が形成された、典型的なリアス式海岸の漁村である。

今回の民俗調査の目的は、主にカツオ漁だけに焦点を定めて、三陸沿岸と熊野灘におけるカツオ漁の習俗の違いと二つの地方の歴史的なつながりを中心に当てた。須賀利の漁協では、組合長に出会った途端に、二人でカツオ漁の話を立ったままで始めてしまった。そのときから夕方の船の最終便のころまで、話はとだえることなく続き、実に充実した時間をすごした。

組合長の森田兵治氏は大正九（一九二〇）年生まれで、一六歳で初めてカツオ船のカシキ（炊事係）として乗船してから、ずっと漁師としての生活を続け、また、その漁師の生活を考えてきた人である。須賀利では明治四四（一九一一）年動力船が導入され、大正八〜九（一九一九〜二〇）年ころには、焼玉の一二馬力の船で初めて三陸沖のカツオ漁に乗り出した。須賀利のカツオ船は主に石巻港に停泊したというが、尾鷲では三木浦や古江《ふるえ》という漁村のカツオ船が気仙沼に停泊したという。三重県のカツオ船で初めて気仙沼まで足を延ばしたのは、南伊勢町の宿田曽《しゅくたそ》（宿浦と田曽浦を併せてそう言われる）の船だと伝えられている。

三重のカツオ船では、カシキとして初めてカツオ船に乗って三陸沖へ行った者は、金華山が見えてくると、ご飯のシャモジや味噌汁のオタマを手に持ち、歯磨き粉を顔に塗られて、船が金華山をぐるりと一周するあいだ、踊り続けるという。また、初めてカツオを釣ったときは、「初釣り」という祝いを家に帰ってから行ない、船の仲間などに子どもの頭くらいの大きさのボタ餅を配ったという。以上のような通過儀礼のほかにも、須賀利では、「祷屋《とうや》」と呼ばれる習俗もあった。

「祷屋」とは、須賀利の高宮神社の宮司を一年間務める役目のことを指し、大晦日の夜中に、村の二五歳から四二歳までの男の中から選ばれる。三人の祷屋が選ばれると、その晩のうちに選ばれた者に伝えられ、その者はすぐに正月の海に入って禊《みそぎ》をとり、宮へ駆け上る。祷屋になった者は一年間、身内の者から死者を出すことも、肥桶を担ぐことも禁じられた。さらに、祷屋の乗っている船があまり漁をしないと、「コオリ（垢離）とれ！」と言われて、海に放り込まれたこともあったという。祷屋に選ばれることは、神のお使いができることであり、誇りにも感じられることなのであるが、反面、「あの祷屋のときは、あまり漁をしなかった」などと陰口を言われないように、ずいぶん気を遣ったという。

「漁師という者は豪快のように見えてて、どんなささやかなことにも漁に結びつけて考えるという気の小さなところもあるんですよ」と、森田組合長はそのような言葉で話を結んだ。

三木浦の漁師たち

尾鷲市三木浦の慶福丸というカツオ船は、気仙沼に来ると、魚町の魚問屋、ヤマコさん（小野寺俊助氏）にお世話になったという。その小野寺氏から紹介されて、慶福丸船主の三木浦の三鬼福二氏（大正二年生まれ）を訪ねてみた。三木浦は、尾鷲湾から九鬼を抜けて、さらに南の賀田湾に面した漁村である。須賀利を夕方に出た私が、尾鷲駅から電車で三木里《さと》駅に降り、さらにバスで三木浦に着いたときは、もう真暗になっており、三鬼氏には事前に連絡をしていたために、心配してバス停まで出ておられ、夕食をいただきながら聞き書きを行なった。

三鬼氏も一三歳のころからカシキになって、カツオ船に乗った人である。三木浦の漁のことで今でもあざやかに覚えていることは、一〇歳ころに、三木浦の近くの湾に大量のマグロが入り込み、空前の大漁をして、そのマグロを売った金で学校を建てたことである。

三鬼氏の経営する慶福丸は、岩手県の大船渡で餌イワシを買うために、この港にも停泊したが、単なる寄港地としてばかりでなく、大船渡に家を建てて、カツオの漁期には、その家に奥さんと住んでいたという。また、大船渡の及川ツカさんというオカミサン（巫女）からは、何度もご祈祷をしていただいたという。三重と三陸とのあいだには、人間や物資の移動以外の交流も行なわれていたわけである。

尾鷲市三木浦の大門弥之助翁（明治37年生まれ、88.11.25）

翌日は、三鬼氏の弟に当たる、三木浦漁協組合長の三鬼義美氏にお会いした。やはり、漁村文化協会からの推薦があったのだが、私が「自腹を切って、昔のカツオ漁のことを調べているんです」と言ったら、すぐに和船時代にカツオ船に乗ったことのあるお年寄りの家まで案内して下さった。三木浦も山の斜面に石段を築き上げた集落であり、ミカンの実がそろそろ色づいてきた道を集落の頂上近くまで歩いた。小春日和の陽に少し汗ばみながら、振り返れば緑の湾が見渡せるところまで来たらし

大漁旗に囲まれる、青峰山正福寺の祭日（13.2.27）

い。

大門《おおかど》弥之助翁は明治三七（一九〇四）年生まれ、六丁艪の木造船でカツオの一本釣りにあるいた人である。漁師として現役をしりぞくまで艪櫂を手放さなかった人であり、現在の船外機船で一時間はかかる新鹿《あたしか》（熊野市）まで、艪一丁を用いて日帰りで戻ってきたこともあったという。しかし、危険な目に遭った経験も数知れない。ガス（濃霧）が濃く、三木浦の山の頂上だけが見えていたときに、磁石を取り出してそれを見ながら艪をこいできたことがあった。何かにあわてて艪をこいだときに、磁石の針を折ってしまい、たまたま五月の節句のときであったために、船に持っていったチマキの粘りで針を修繕してから、無事に帰港してきたという。

この地方でも「山を合わす」という言い方で、オカの山の位置によって、沖の船の位置を定める方法がある。大門翁も若いころに、三陸沖に何度も出かけた。三陸の「地山いっぱい」（沖から見て山が沈む距離）は、五葉山が七〇マイル、金華山が三〇マイルであることを、そらんじているくらい、三陸の海のことを、よく知っている。採集ノートに書ききれないほどの多くのことを教えてもらい、大門翁と別れた。

その後、鳥羽市で開催された和船研究会での見学では、初めに船絵馬を見るために青峰山正福寺に向かった。気仙沼のカツオ船も動力船の時代になると、漁期の始まる前に伊勢参りをしてから青峰山に登って参詣をしたという。三重の漁師が金華山を信仰することと同様に、三陸と三重とは、カツオ漁を通して三百年の交渉の歴史が流れている。標高約三〇〇メートルの青峰山からは、午前の光に輝く熊野灘が目にまぶしかった。

黒潮と動いた紀伊の漁師　―和歌山県新宮市三輪崎

唐桑古舘文書の「三輪崎」

気仙沼地方において、「三輪崎《みわざき》」（和歌山県新宮市）という地名は重要である。唐桑町鮪立の鈴木家文書によると、延宝三（一六七五）年九月二六日に、古舘《こだて》（屋号名）の鈴木勘右衛門宛てに、紀州三輪崎の幾左衛門と長右衛門が一通の手紙を出している。

古舘家を宿にしていた二名のカツオ漁師が、塩竈でカツオ節二三一本を売ったことなどを伝えた短い連絡文である。同年の六月九日の文書では、古舘家では、紀州のカツオ船を五隻抱えていることが記されている。

延宝五（一六七七）年の石巻市狐崎の平塚家文書によると、紀州の船は「水手拾四五人宛乗」とあるから、少なくとも七〇名くらいは古舘家を宿にしていたことになる。

彼らは「つりため」に来た漁師であるが、「つりため」とはカツオ一本釣りのことである。当時、三陸沿岸では、活きたイワシを撒いてカツオを集めて釣るという漁法を知らなかった。平塚家文書には、地元の牡鹿半島では二～三人による「鰹待居漁」をしていたと記しているから、カツオが浜へ寄り来るのを待って捕っていたものと思われる。

しかし、古舘が紀州の漁師を七〇人も抱えていることに対して、唐桑村の他の浜の者たちは、一様に危惧の念を現した。勘右衛門は、周囲の反対の中にあっても「末代の重宝」になることを信じて、子どもや、一人前の百姓ではない「名子」に「つりため」を習わせたのである。

現在、気仙沼市が生鮮カツオの水揚高日本一を一〇年以上にわたって重ねているのも、もとはといえば、この鈴木勘右衛門のはからいと懐の広さ、そして黒潮に沿ってカツオを追いかけてきた紀伊の国の漁師を出発としているわけであった。

しかし、古舘家に逗留していた紀州の漁師がすべて「三輪崎」出身者であったとは思われない。三輪崎は、たまたま残された古舘文書に記されていた紀州の地名である。それでも一度はその土地に訪れてみたいと、昭和六三（一九八八）年の秋、一人で三輪崎へ行き、旅装を解いたのである。

三輪崎のカツオ漁

昭和六三年一一月二五日の午後、私は三輪崎漁協を訪ね、カツオ漁の経験のあるお年寄りを紹介してもらった。漁協の近くに住んでいた瀬古増一翁（明治三五年生まれ）であった。

瀬古翁は薄暗い小屋の中で漁具の手入れをしていた。そのそばに腰を下ろし、カツオ漁のことを少しずつ訊ねてみた。日頃から気仙沼地方の漁師さんから聞いていることを、同じように訊ねていったのである。

瀬古翁は、一五歳のころからカツオ船に乗っていた。一本釣りのことを「ハネ釣り」と語っていた。春のカツオは三輪崎の沖で捕れたが、カツオ船は他所へ働きに行く船だと地元から思われていて、六丁艪の艪船で志摩半島から尾鷲のあいだを漁場とした。四国の徳島の船で三陸まで行ったこともあるという。

三輪崎にカツオを水揚げしたときは、カツオのヘソ（心臓）を抜いて、八幡神社に上げにいった。八幡神社の祭典は九月一五日である。二度目の三輪崎訪問は、この祭典日に合わせて行くことになった。

三輪崎八幡神社例大祭

平成一三（二〇〇一）年九月一五日はよく晴れた日であった。一三年ぶりに三輪崎を訪れた私は、新しく建てられた漁協の前に居た。漁港もことごとく整備されている。祭日で行き交う人々の後ろに、かつての漁協の建物を見つけたとき、突然に一三年前へタイム・スリップしてしまい、回りのざわめきが聞こえなくなって立ちすくんだ。

かつて、何かにすがるようにして漁協のドアを開け、冷たい海風が吹きぬける路地で瀬古翁を探し会えた喜びなどが、かすかに胸をよぎった。

二度目に八幡神社の祭典日を選んだ理由は、この日に練りあるくエビスの山車で、エビスに当たる者が釣竿にワラで作られた魚を吊るすが、その魚の形を見たかったからである。それはどう見てもタイではない。特定する必要もないだろうが、それは三重県熊野市の二木島の祭典で用いられる、ワラで作られたカツオと同様のものであった。

エビスの山車が漁協の前の広場に着いたとき、空が一瞬にして暗くなり、にわか雨が降り始めた。それまで山車の後を追いかけてきた私は、急いで漁協の玄関に雨宿りをした。顔に墨を塗ったエビス様も、玄関に逃げ込み、私の脇に座った。

山車に乗るヱビス役が振り回す釣り糸にはワラで作った魚が吊り下げられている。この魚をつかむと縁起が良いとされている（01.9.15）

雨が上がるまでのあいだ、私はそのエビス様にカツオ漁のことを尋ねてみた。その後、何度かお会いすることになる西村治男さん（昭和六年生まれ）との初めての出会いである。そばにいた山本寿嗣さん（昭和五年生まれ）も話に交じってきた。

山本さんは、石巻市の渡波《わたのは》のカツオ船に四年間乗っていたという。八〇トンの木造船、セイウン丸であった。乗組員の半数が宮城県出身、半数が三重県や和歌山県の出身であったという。

西村さんとはその後も何度かお会いした。初めてカツオ船に乗ったのは一八歳のときで、三重県の古江《ふるえ》（尾鷲市）の清鳳丸という六〇人乗りの船であった。二度目に西村さんに会ったときには、そのお世話になった家をうかがいたいからと、私を乗せて古江まで連れて行ってもらった。

その道中の車中で聞いた話も忘れられない。西村さんの父親は、六人の男の子のうち、舟の上では自分だけに厳しかったという。樫の木で作ったカジで頭をなぐられたこともあった。しかし、父親と一緒に沖から帰ってくるときが楽しくて、父親は自分を漁師として見込んでいたために厳しかったのではないかと考えるようになったという。

三輪崎は竹が多いところでもある。二〜三月ころに、三重県の方からカツオ船の釣竿に使う竹を伐りに来た者がいた。そのようなときに、カツオ船の漁師になるにふさわしい少年がいたら、親に声をかけていった。その家庭を訪問しただけで、少年の気立てがわかったからだという。西村さんも、そのような機縁で古江のカツオ船に乗ることになった。

初めて三陸の海に来て、金華山の沖を通るときには、「初踊り」ということをさせられた。シャモジやワッパを手に持って、船の上をぐるぐる回りながらの踊りであったという。

三輪崎の鯨踊り

瀬古増一翁は、三輪崎でシャチも捕っていたことを話していたが、この三輪崎は和歌山県で太《たい》地《じ》と並ぶ捕鯨の地であった。石巻市の平塚家文書では、紀州の漁師は「鯨舟」を仕立てて三陸へやって来ており、同じ船で「釣溜」（カツオ一本釣り）も行なっていた。

太地と同様に三輪崎でも「鯨踊り」が伝承されており、三輪崎八幡神社例大祭で披露されてい

三輪崎の鯨踊り。腰にさしているアヤは後の踊りでは銛のように使われる（08.9.15）

る。平成一三年のときは、ぼんやりと見ていただけだったが、二〇年にはしっかりと見てやろうと、その所作を拝見しに行った。

　腰にさしている短い竹はアヤと呼ばれるが、やがて、これを手に持って銛を投げるような所作をした。福本和夫の『日本捕鯨史話』（一九六〇）によると、このアヤは太地の鯨踊りでは「砧《きぬた》」と呼ばれ、古くは、舟のカンヌキを打ってクジラを追い込む漁具であったという。三輪崎の漁師も捕鯨を主にして三陸沿岸に来たのかもしれないが、同時に行なっていたカツオ一本釣りが、唐桑の古舘の当主の目に止まった。三陸と紀州は、その後も何度となく、人間と文化の交流を重ね続けるのである。

瀬戸内にカツオ船が来た　―兵庫県姫路市・坊勢島

一

家島諸島に渡る

温暖な冬の瀬戸内とはいえ、小豆島の山道には雪が残っていた。とくに島の北東側は木々に隠れた道が続き、少し開けたところからは、青い海がのぞけて見えた。遠く沖に浮かぶ島々は家島《いえしま》諸島と知れた。雪がかぶっているように白く見えたのは、石切りで山が荒れている西島であった。それがわかったのは、この家島諸島をめざして近づいた船の中である。

家島諸島の中の坊勢島《ぼうぜじま》は、カツオ漁船が直接に餌イワシを買うことができる島である。つまり、房総の館山や、三浦半島の佐島や鴨居と同様に、カツオ船が「餌場」と称する、活イワシの供給地である。

平成一七年の春に、坊勢島に渡った理由は、太平洋で操業するカツオ船が、なぜ燃料費をかけてまで鳴門海峡を越え、この播磨灘で餌イワシを購入するのかがよくわからなかったからである。

餌屋の集まる島

坊勢島の旅館で宿泊した翌朝は、静かに春雨が降っていた。「漁協まで送っていきますか」という若主人の言葉に甘えて乗車した。この若主人の車中での話では、九月ころにはカツオ船の「餌買」と称する人たちが多く泊まるという。静岡・三重・高知のカツオ船の餌買が主であるが、仕事のないときは、この島でぶらぶらと釣りなどしているという。

しかし、餌買ほどカツオの大漁と不漁とを左右する責任を感じる者はなく、心の安らぐときがないことは、これを経験したほとんどの者が語る言葉である。

まだ開いていない漁協の玄関の前で雨宿りをしていると、先に連絡していた漁協組合長の上村広一氏が傘をさしてやってきた。

上村組合長と漁協参事の上田常夫氏の話では、坊勢（島を略す呼称もある）でカツオ船向けの餌イワシを捕り始めたのは昭和五〇（一九七五）年くらいからだという。坊勢島では、以前からシバリ網でカタクチイワシを捕っていて、終戦時には一〇軒の加工屋もあり、煮干にしてウドンのダシなどに用いられていたが、戦後は衰退していったという。

それが、静岡県の八千代丸というカツオ船が、イワシの漁獲量が少ない年に「イワシを曳いてくれ！」と頼みにきて以来、坊勢のイワシ網は盛んになった。以前のシバリ網では網一統に付き七〇人が関わっていたが、現在は巾着網に変わり、一八～二〇人の操業となっている。この島では、網は船の名で呼ばれるが、大漁丸・磯丸・一栄丸・清栄丸の四統の、島でも親戚の多い旧家が操業している。

漁協の組合長室に、もう一人、桂政美氏（昭和一〇年生まれ）がやってきた。組合長が電話で呼び出した漁師さんで、この坊勢島の漁業をつぶさに体験してきた人である。

桂さんによると、イワシは春先から五～六月にかけて、淡路島の北の明石海峡と、南の鳴門海峡を越えて播磨灘に入ってくるという。カツオ漁用のイワシは、八月から一〇月までの操業期間である。昔は、秋になるとイワシは渚を越えて浜に上がり、主婦たちはそれを拾い集めて煮干に加工したという。坊勢では、これをホシアガリイワシと呼んだ。

自立した漁協の歴史

坊勢漁協は、兵庫県で一番大きな漁協で、平成一七（二〇〇五）年現在で、組合員数約六〇〇人、海苔養殖の舟を入れると約九〇〇隻、平均年齢四七歳の、関西大都市の消費地を控えた、漁業の豊かな島である。私も、三重県の答志《とうし》島や大分県の保土《ほと》島などの活気のある離島にいくつか出会ってきたが、この島はまた格別である。

坊勢漁協の前の漁港には、何隻もの漁船の出入りが激しく、機械音を立てている。港のそばの恵美酒《えびす》神社や波切不動尊を参詣したときに、漁港から立ち上ってくるように聞こえたざわめきは、私の少年時代に気仙沼の五十鈴神社で遊んでいたときに聞こえてきた内湾のざわめきと同じものであった。

この坊勢の漁船は、播磨灘を年間通して縦横無尽に活躍している。漁協のそばに平成七（一九九五）年に建てられた顕彰碑には、昭和一七（一九四二）年から二一年をかけて、家島漁協組合から独立したことが記されている。

碑文には「家島との漁種の相違」を記していたが、組合長に詳しく尋ねると、家島諸島の本島に当たる家島は延縄中心、坊勢島は底曳き網が中心であり、それぞれの漁場で抵触することが多かったという。また、それればかりでなく、家島漁協には坊勢島から理事が一人も任命されなかったことや、燃料の配給も家島中心であったことが、独立の気運を生んだものらしい。

家島はその後、石材や砂利などの運搬船を行なう者が多くなり、坊勢島の漁業は家島を追い抜いて逆転した。

再会を約して

坊勢島が活イワシを巾着網で捕獲して、生簀で畜養をしてから、各地のカツオ船に売るようになった詳しいいきさつは、三〇年くらいしか経っていないにもかかわらず、まだはっきりとした記録が残されていない。

これは自らの仕事として課していくほかはないが、坊勢漁協の上田参事からは、漁協の資料を出していただき、どの資料でもコピーしていっていいよ、と机に置いていった。昭和六一（一九八六）年から平成一五（二〇〇三）年までの、坊勢漁協の全体の漁獲量とイワシのそれとを、組合長と一緒に拾い上げていった。平均して漁獲量の一割から二割がカツオ船用の活イワシである。

この坊勢島の奈座港は、北東に家島、西に西島がふさがり、風や潮流を除けるため、生簀を作るには絶好の海面である。鳴門海峡を越えてカツオ船が活イワシを求めにくる大きな理由である。「九月に来たら、イワシの巾着網にも乗せてあげるし、生簀も見せて上げるよ」と上田参事さんが、元気に語ってくれた。

帰郷してから、坊勢の活イワシ漁を開発した静岡県の「八千代丸」に心当たりがあって、西伊豆町田子の八千代丸船主の山本佐一郎氏（昭和二年生まれ）に電話をしてみた。「それは俺のことだ。このことだけは、自慢していいことだと思っている。当時の新聞に『瀬戸内海にカツオ船が来た』と報じられたよ」というご返事。私の勘は当たっていた。

漁村の民俗調査の醍醐味は、以前に関わりがあった人と人とのつながりを、もう一度復元してみたときに感じられる。それを橋渡ししながらあるくことで、今にも消えかかっていた歴史の一コマを救うことができる。坊勢島の旅は、それを確認した旅であった。

二

家島漁師の漁場名

同年の九月、私は再び、坊勢島に渡っていた。資料をめくる音の後ろでは、静かにＢＧＭが流れている。ここが、本当に漁業組合の中だろうかと、ときおり疑いを晴らすように、窓の外の漁港をのぞいてみる。クーラーのために閉め切っていて音は聞こえないが、外は残暑の日盛りのなかで行き交う船が賑やかに見えている。

この漁協の、昭和五五（一九八〇）年からの、カツオの餌イワシ（カタクチイワシ）の水揚げ量を拾い上げていた私のそばに、漁協参事の上村常夫氏がにっこり笑ってやってきた。「午後には餌屋さんを紹介するから、今日はゆっくりしていってください」。

上田参事と昼食前のひととき、神戸漁業無線局が作成した「周辺漁場の呼称」の海図を眺めた。「家島・坊勢側方の呼称」には、石綿船・番北沈船・番北船磯・番南船磯・カワラ船・ナガセ船など、「船」の付く漁場名が多い。

「皆、船が沈んだ場所だよ。その沈没船に魚が付くんだ」と、上田参事は事もなげに教えてくれる。「長持石」と呼ばれる漁場は、大阪城を築くために小豆島から向かっていた石積み船が沈んだ場所だという。

瀬戸内の餌屋

午後になって、坊勢島と姫路市を結ぶ連絡船の桟橋で、上田参事と待っていると、「大漁丸」の船主が一人、小舟でやってきた。現在、坊勢島には、前述したような四カ統の巾着網があり、皆、夏にはカツオの餌になるカタクチイワシを巻いて捕っている。

上田参事と桟橋で別れて、この船主でもあり餌屋でもある小林春光氏に、坊勢島と西島のあいだに浮かぶ、イワシの生簀に連れていってもらう。小林さんは昭和二八年の早生まれで、話しているうちに同じ学年であることがわかった。

「俺たちが中学校を卒業したときは、皆、ガット船乗りと言って石船乗りをしたもんさ」と、近世以来の、切り出した石の運搬船の話が出る。中卒で一カ月、六〇~七〇万円を稼いだ時代で、小林氏は自分の家の船を手伝ったために、一月の小遣いは一万円くらいで、同級生をうらやましく思ったという。

昭和四〇年代の高度成長期、彼らが運んだ、瀬戸内の島々の石は、大阪から神戸までの岸壁の埋め立て用に使用された。

さて、大漁丸の生簀は、常時、八〇枠あり、一年に一〇枠は作り替えるという。八角形をした一枠の直径は六メートル、深さは一〇メートルで、ここに、およそ七〇〇〇匹から八〇〇〇匹のイワシが群れをなして回っている。他に、直径八メートルや一二メートルの生簀も持っているという。沖で二隻の巾着網でイワシを捕獲すると、この生簀に入れ、ここまで曳いてくる。普通の船で一時間かかるところを、生簀でイワシを死なせないようにして曳いてくると、八時間はかかるという。「カツオ船の餌買は、イワシを買うときに、もっと負けろというが、こっちも、たいへんなんだ」と、大漁丸の餌屋が、はにかむように語る。

船自体が生簀になっている生簀船のそばにも連れていかれたが、この船だと一時間走るところを二時間で済むという。「イワシにも餌をやるんですか?」、「飼料と糠と魚油を混ぜてイワシに与えるんだ」。カツオの餌も、別な餌で育てているのである。

餌買いのバケツ

現在、エサイワシをはかるときのバケツは、全国一律、一三リットルと決まっている。カタクチイワシで、平成一六（二〇〇四）年までバケツ一杯が五四〇〇円だったが、平成一七（二〇〇五）年から四四〇〇円になった。バケツ一杯、八キロくらいの量である。しかし、今年はイワシが思うように捕れないという。

小林さんからは、サバの生簀にも連れていただき、ホースで餌を撒き与える様子も拝見したが、サバの餌になれるくらいのイワシの量が捕れず、大阪の岸和田から買ってきている。「養殖は自給自足しないといかんよ」、餌も自分で捕れないと採算が合わないという。

この坊勢島のイワシは、石巻市の餌屋が「銀たれイワシ」と名づけたほど、丈夫なイワシだという。三〇年ほど前には、養殖の飼料としてのみ捕っていたイワシ巾着網は、前述したように静岡県西伊豆町田子のカツオ船の到来により、急遽、餌イワシの島として、瀬戸内海にカツオ船を呼び寄せることになった。

西島にある、大漁丸の事務所のホワイトボードには、九月三日に第七光照丸、九日に第八旭丸にイワシを売ったことが記してあった。前者は静岡県焼津市、後者は鹿児島県枕崎市のカツオ船である。

イワシを売るときは、バケツは餌買が持ち、タモは餌屋が持つという。タモとバケツを二つとも餌買に持たせないという。かつては、餌買を餌屋に泊めたものだが、現在は宿賃の半分を出している。「昔は餌屋が餌買にご馳走になったもんだが、今は逆だな」と、ぼやく小林さんの横顔を見ているうちに、小船はその餌買たちが泊まっている旅館の前に着いた。

餌入れと巾着網船

「この人が、皆さんたちに用があるんだって」、事前に餌買さんたちに会いたい旨を伝えていた旅館のオカミは、そう言いながら、夕飯のときに、私を餌買たちのテーブルのそばに座らせてくれた。その心遣いに感謝しながら、恐る恐る自己紹介を始める。

その夜は三人の餌買たちが泊まっていた。二人は三重県の宿田曽《しゅくたそ》の出身、もう一方は枕崎のカツオ船の餌買である。それらの土地に住む、私の知っているかぎりの元船頭（漁労長）などの名前を出すと、すぐにもビールが差し出されてきた。

宿田曽の山本正之氏は、現在は静岡県御前崎のカツオ船、第一日光丸の餌買をしていて、明日には、このカツオ船が餌を入れに坊勢島に来るという。山本さんからも、坊勢島のイワシはブランドで、内海のイワシは丈夫で強いことを教えられた。

明日、餌入れの現場を見せていただくことを約束してもらって寝たはずだったが、翌朝、挨拶に行くと、「お前は仕事の邪魔になるから乗せられない。他の船を借りて見に来い」との、ごもっともな返事、早速、海上タクシーなるものとの値段の交渉に入る。

その結果、私を磯丸経営の生簀まで乗せてくれた船は、クルージングも可能な大きな客船であった。一人も大勢も同じだからと、栈橋からカツオ船が見えてくると、その船をカツオ船まで回してくれた。明石海峡を越えてやってきた日光丸は、すでに餌積みを始め、船に乗った山本さんは、早く写真を撮れと、大きな身振りでこちらへ知らせた。

私の乗った船の船長は、これから姫路にお客を迎えに行くとのこと。渡りに船で、定期船より

カツオ船の餌イワシの積み込み作業。バケツが上へ下へと飛び交う（05.9.13）

左右に白波を蹴ちらして帰港するイワシの巾着網船。2隻のあいだに網を抱えている（05.9.13）

も一時間も早く姫路に戻れることになった。途中、仕事を終えたばかりの巾着船とすれ違った。一隻に付き七人くらい乗っている二隻曳きの船が二組、最初が磯丸で、次に現れたのが、大漁丸の二隻曳きであることを船長から教えられる。

同年生の小林春光さんが乗っていると思い、船へ向けて大きく手を振ると、向こうからも手を振ってきた。「わかったようだぞ」との船長の言葉、今日はイワシが捕れたであろうかと心配する。左右に波を蹴ちらして帰港してくる巾着網船を見て、「格好いいですね！」と船長に振り向くと、機械音と潮風の向こうから、「男の仕事よっ！」と、大きな声が返ってきた。

南阿波のカツオ漁 ―徳島県海陽町・竹ヶ島

地の島に渡る

徳島県の牟岐《むぎ》線の終点は海部《かいふ》駅、そこから「風鈴列車宝くじ号」という名の正体不明の電車に乗った。なるほど、車窓にはスダレと風鈴をかけており、スダレには短冊を貼り付け、短冊にはあまり感心しない俳句が書いてあった。

宍喰《ししくい》の町に着いて、タクシーで竹ヶ島へ行こうとしたら、この町にはタクシーが二台しかないと言われ、結局は最終のバスで渡った。

竹ヶ島はオカから一〇〇メートルも離れていない地の島であり、昔は泳いで渡ったというが、昭和三六（一九六二）年に橋がかかった。当時の県知事が島に来ることになり、一人の長老にお会いすることが事前に知らされていたので、もし知事に「何が欲しい？」と聞かれたら、「橋が欲しい」と言うてくれ、と示し合わせておいた。案の定、知事は「よっしゃ！橋かけとるわ」と応えて、橋がかかったという。

ここは平成二（一九九〇）年までは、カツオ漁の島であった。牟岐町漁協の伊勢田重春組合長からは、竹ヶ島の勝丸や新盛丸は、三陸へ行きよったかもしれんと、電話で教えてもらったのが機縁である。

民宿竹ヶ島で食事をしながら、「明日、カツオ船に乗っていた漁師さんにお会いしたいのですが」と尋ねたところ、「今いるお年寄りは全員、カツオ船のOBだよ。明日、港に行ってごらん」と、宿のオカミに激励された。

「気仙沼から来た」と言うと、「気仙沼から、もう一組お客さんがいるよ」と紹介されて驚く。竹ヶ島のマグロ船大喜丸を気仙沼から約二昼夜かけて航行してきた、大島（気仙沼市）の三上守さんと小瀬良信芳さんであった。宿の食事を急いで終え、生ビールを三杯お膳に乗せて、三上さんの部屋を訪問した。これだから、海の道は近い。

港での聞き書き

翌日も朝から陽がふりそそいでいた。竹ヶ島港には三上さんたちが航行してきた第八大喜丸が接岸されている。岸で延縄作りをしているのはお年寄りだけで、若者はインドネシアからの研修生が数人いるばかり、現代の漁港や漁村でよく見受けられる風景が、この島にもあった。

竹ヶ島でカツオ船を止めてマグロ船専門になった理由は、一本釣りの技術をもった高齢者が少なくなったことと、船に乗る人数がマグロ船の方が少なくて済むという、経費の問題にあった。

一人のお年寄りが当てどもなく港に出てきたので、「おじいさん、ちょっと話をうかがってもいいですか？」と尋ねると、「退屈で困っていたところだ」とにっこり笑って、私と一緒に腰をおろした。遠くに午前の明るい四国の山なみを二人で眺めながら、ぽつりぽつりと話を聞き始める。

戎田《えびす》定次郎翁（大正一〇年生まれ）は、彼の父親の代に、私が昨日立ち寄った牟岐町の出羽島《てば》からこの島に来た一族の者である。オカ側の宍喰には「戎谷」という姓が多く、隣の浜である高知県の甲浦には「戎」という一文字の姓の者が多いという。

定次郎翁も一三歳くらいからカツオ船に乗った。鹿児島の山川付近から漁場を求め、盆ころには伊豆半島へと動いていく。カツオ漁を始める前には、必ず地元の竹島神社と讃岐の金比羅さんを参詣したという。

「一人で舟に乗っとるときは神様なんか信じないが、大勢の者を乗せた船の責任者になると、これは神様以外に信じるものはない」と、定次郎翁も、どこの土地の漁師さんでも感じていることを語ってくれた。

また、カツオ船の上では口笛も地搗き唄も禁じられていた。一三歳で初めてカツオ船に乗り、カシキ（炊事係）になったとき、岬のハナが見えるたびに、シャモジと釜のフタを両手に持って踊りをさせられたという。

「たしか、何とかと言って踊ったなぁ」と定次郎翁が思案を始めたとき、私たちの前を、杖を持ってゆっくりと歩いてきたお年寄りがいた。「ああ、あの方なら、たぶん言葉を知っちょる」と、定次郎翁が言うので、近づいて挨拶をした。この方は、私の泊まった民宿に娘さんを嫁がせていて、今から孫の顔を見に行くところだという。名前は島崎正男さん（大正一四年生まれ）、牟岐町漁協組合長がぜひ会うようにと言った、勝丸の船主であった。

海の成人儀礼

民宿竹ヶ島に戻り、さっそく、島崎翁から話をうかがう。定次郎翁が思い出されなかった、カシキが岬のハナを回るときの言葉から尋ねてみる。それは、カシキ以外の乗組員が、「トトの名は何といやす?」と、はやしたてると、カシキが「~と申します」と父親の名前を語り、「カカの名は何といやす?」とはやしたてると、「~と申します」と母親の名前を語りながら踊ったものだという。

さすがは阿波の「巡礼お鶴」の国とも思ったが、この親の名を語るという一件は大事である。福島県川俣《かわまた》町麓山《はやま》に登る成人儀礼では、母親の名を呼ぶ。宮城県気仙沼市の羽田《はだ》のお山がけという儀礼でも、昔は七歳児が、山の中腹にある夫婦石《めおといし》に上がって、父母の名前を呼んだという。海と山との違いだけで、家庭や村落を離れて「沖へ行く」とか「山に登る」ことが成人儀礼には必要なことだった。さらに、海や山から、「お父さん」でも「お母さん」でもなく、父母の個人の「名前」を呼ぶことは、決別と自立の儀礼でもあった。

また、島崎翁も、船での口笛の禁忌を語っていた。その理由は、オフナダマ様の鳴く声に似ているからだという。夜に船上で寝ているときに、「チッチッチッ…」と聞こえるのがオフナダマの鳴き声であり、この声を聞くことは、あまり良くないことが起きる前兆だと言われた。口笛のような、まぎらわしい音は禁物だったのである。

土佐の漁師の話

竹ヶ島は高知県に接するところにある土地だから、土佐の漁師について、自分たちとは区別するための、半信半疑の情報も多い。

たとえば、土佐では、カツオの擬餌針を作るために、猫を殺したという。殺した猫を赤土の中に埋めて、骨ばかりになったときに取り出す。その骨は黄色に染まり、擬餌針として、餌イワシよりカツオが食いつくときがあるという。そのために、土佐には猫がいないと言われた。

また、土佐のカツオ船はかつて、一本釣りの操業中でも、カメを見かけると、銛で突いて食べたという。それには一つの由来譚があった。

島崎翁の語る話では、弘法大師が足摺岬から室戸岬に渡るときにカメの背中に乗って渡ろうとした。ところが、室戸の近くの行当岬《ぎょうどざき》まで来たときに、カメが沈んで、大師は海に投げ出されてしまった。行当岬には、大師の衣のように見える崖があり、そこは漁師たちの聖地でもある。大師は、カメを捕って食べたなら、行当岬を四回まわるくらいのご利益を授けると語ったそうだ。そのために、土佐の漁師は、カメを追いかけるのだという。

竹島神社の祭礼は、旧暦の四月一六日。これが過ぎると、昔はカツオ漁が始まった。若い者はどこに行ってでも、この日には帰ってくる。遠くは勝浦・銚子や塩釜・気仙沼の問屋も来ることがあり、竹ヶ島が沈むくらい人が集まるという。島崎翁からは、来年のお祭りには来てみなさいと招待された。

第八大喜丸の三上さんたちに挨拶をして別れ、竹ヶ島の停留所に一人でバスを待つ。風が出てきたのだろうか、第八大喜丸の大漁旗がはっきりと船名が読めるくらい、はためいていた。私には「また来いよ」と、手を振っているようにも思えた。

海に浮んだ市女笠 ―高知県宿毛市・鵜来島

鵜来島へ渡る

空はあくまで青く、高かった。果てしなく続くひつじ雲の下、船は一路、鵜来島《うぐるしま》へ向かって進んでいる。土佐清水市でのカツオ漁の調査から放たれ、一息つくつもりで、宿毛《すくも》の片岸港から鵜来島へ渡ることに決めたのだが、日帰りするには、朝の六時半の船に乗り、帰りは午後四時くらいの船しかない島であった。

先に連絡をしておいた出口和《かず》さんからは、「島には店がないから、コンビニで弁当を買うてきて下さい」と言われ、西日本の遅い夜明けの中を駆け回り、ほとんど転がり込むようにして、客船「おきのしま」に乗った。

船は片岸港から、およそ一時間で着き、そのまま沖ノ島へ向かう。到着した船の上からは、何か植物の束を、次から次へと桟橋に下ろしている。鵜来島のおばあさんたちが、たちまち寄ってきて、それを一人一人肩に担いで、足早に去っていく。

これから桟橋に向かう何人ものお年寄りたちとすれ違いながら島を歩き始めると、声をかけてきた人がいた。「宮城から来た人かね?」、「はい」。出口さんが迎えに来てくれたのである。

鵜来島のカツオ漁

出口和さん（大正一五年生まれ）は、沖ノ島漁業協同組合の副組合長を務めた方で、今では非常勤で、一人で鵜来島の支所に居る。「朝飯を食べてくるきに」と言って家に戻り、私は一人、ぽつねんとして漁協の一部屋で待っていた。

出口さんから、鵜来島のカツオ漁の話を聞き始めると、土佐の言葉の語尾が懐かしく耳に響く。高知県の港や漁村を、回を重ねてあるくごとに、まるで帰郷したような感じになるのが、われながら不思議に思いながら、心地よく耳を傾けている。

鵜来島では、昭和五八（一九八三）年までカツオ船が一隻残っていたというが、出口さんも五三（一九七八）年の秋には止めている。戦後の全盛期には、一五トンくらいのカツオ船が九隻もあった島であった。伊豆七島や三陸までは出漁しなかったという。

出口さんは、昭和三三〜三四（一九五八〜五九）年ころ、カツオ船に乗っていて、沖ノ島沖で、流木に付いたウミガメを発見した。そのような流木は、島では「カメのカブリギ」と呼んで、大漁の縁起物にしていたので、それを拾い上げて、船に積んでいたという。また、カツオの大漁が続いているときは、人にカツオを上げるにも、必ずカツオの尾を歯でかみ切ってから渡した。そうしないと、そのカツオを通して、自分の大漁運が他の船へ逃げてしまうからだという。

船が鵜来島に着いたときに下ろした植物について尋ねてみると、神シバ（サカキ）とシキビの二種類があったそうである。どちらも、この島にはない植物で、神シバは祭日に神棚に上げるもの、シキビは墓地に挿すものだという。秋の彼岸と一〇月一二日の春日神社の大祭が近いためで、祭りには牛鬼にヤグラとミコシが出る。

昭和五四（一九七九）年に新築された小中学校は、平成二（一九九〇）年に児童数が三名になったために休校となった。平成一四年現在、島の三三軒には、五〇人ばかりのお年寄りが住んでいる。家族が一度は戻ってくる彼岸や祭日を、どんなに待ちわびていることか。島に到着したばかりの神シバとシキビを肩に担う心は、秋空のように晴れ晴れとしたものであることだろう。

春日神社のお籠もり

子どもの声が響かない島は寂しいものである。音の聞こえない桟橋で足をぶらぶらさせて座り、コンビニのおにぎりを頬ばりながら港の海をのぞくと、太陽の光線を海底まで届かせている。緑色の絵具を水に溶かしたような色で、底を動く小魚も見える。繋留されている漁船も、まるで空中に浮んでいるように錯覚してしまうような南の海であった。帰りの船までは時間があって退屈するから、と言って、出口さんからは、たまたま島に来ていたチャーター船で帰ることを勧められたが、何度も渡ることはないと思われる島の集落を一周してみることにした。

春日神社を参拝したときは、たまたま、おばあさんたちが集まってきていた。尋ねれば、一日と一八日の、月に二度のご縁日で参詣に来たという。「これだけが楽しみで」と言って、お神酒を少しずつ分け、皆で談笑する。後から来たおばあさんは、「今日はお客さんが来ちょる」と言って、私のことを、けげんそうにながめた。

一緒にお神酒をいただき、おばあさんたちから話を聞いているうちに、朝が早かったせいか、ひざに肘を付きながら居眠りをしてしまった。肩に手を乗せられて気づいたときは、手にお菓子を握らされていた。お神酒を飲むまではご神事で、お菓子は直会であることが知られた。

沖縄の漁師が来たころ

昭和一三（一九三八）年に鵜来島に渡った民俗学者の牧田茂は、「鵜来の島びと」の中で、この島のことを「市女笠《いちめがさ》を伏せて海に浮かべたような形の島」と形容した（注1）。私も翌日、片島港から大分県の佐伯までフェリーで渡ったときに見えた鵜来島は、まさしくそのように見えた。鵜来島は、かつては「浮島」とも呼ばれたこともあった。

その牧田茂が注目したことの一つに「カゼ」という言葉があった。「何かしら悪い目に見えないものを身体に引入れた」ことを「悪いカゼに当てられた」というような使い方をする（注2）。お籠もりのおばあさんたちも、おぼろげに、この言葉を覚えておられ、急に具合が悪くなったときに使われる言葉だという。

おばあさんたちの話の中で興味があったのは、この鵜来島に毎年、夏になると漁に来ていた沖縄の漁師の話である。島では彼らのことを「アッピーさん」と呼び、その漁のことを「磯狩り」と呼んだ。海に潜って魚を網に脅していく「追込み漁」であり、沖縄の糸満漁師たちであった。

糸満漁師による、高知県・愛媛県への出漁は、大正期に始まり、昭和四十年代まで継続した（注3）。

大正五（一九一六）年生まれのおばあさんは、その時代を思い出して唄を一つ、歌ってくれた。

「大城さん、今日も行くかなザンの瀬に　かけた魚が二五貫　帳付け三郎さんは　真っ黒けのけオヤ真っ黒けのけ」。「大城さん」は、この糸満の網主の「大城亀」のこと（注4）、「ザンの瀬」とは鵜来島沖の地名、網主も帳付けも到来して、この島に毎年のように来て住んでいた。イモを主食として、誰もが三味線を持っており、夜にはこの音が島に流れたという。

春日神社でのお籠もりも終了し、集落をぶらぶらしていると、島内放送が流れた。「気仙沼から来た川島さん。帰りの船が来る一〇分前ですので、港へ下りてください」。あわてて、港へ駆け下りると、漁師さんたちが港で談笑していて、「船はもう出ちょったがよ」と私をからかった。「どこへ行っちょるか、わからんき」と言って出てきたのは、島で「出口のおっちゃん」と呼ばれている和さんであり、この人の仕業であった。

注1　牧田茂『海の民俗』（岩崎美術社、一九五四年）一二頁
2　注1と同じ。
3　中楯興編著『日本における海洋民の総合研究―糸満系漁民を中心として』下巻（九州大学出版会、一九八九年）二二五～二四八頁
4　注3と同じ。

浜にカツオが舞う日 ―鹿児島県奄美市瀬戸内町・加計呂麻島

奄美カツオ漁の始まり

奄美大島は、地図で見ると、北東へ向かって、二等辺三角形の楔を打った形で、太平洋と東シナ海に挟まれて浮かんでいる。その二等辺三角形のちょうど底辺のところに横たわっているのが加計呂麻島《かけろまじま》である。私にとっては、戦争中に特攻艇の指揮官としてこの島にいた、作家の島尾敏雄との関わりでしか知らなかった島である。

奄美へは二度目の旅であったが、カツオ漁の調査では初めてであった。名瀬《なぜ》市（現奄美市）の大熊《だいくま》で、宝勢丸の組合長、徳田勝也氏（昭和二二年生まれ）と長老の藤島義長氏（大正一〇年生まれ）にお会いした後、レンタカーで西海岸に沿って一路、南下した。奄美のカツオ漁の発祥地、瀬戸内町の西古見《にしこみ》へ向かうためである。

今里や宇検《うけん》などの、かつてカツオ漁で賑わった漁村で、人を見つけては話を聞いていたために、西古見に着いたときは、陽が傾き始めていた。西へ向かってサンゴの石垣と福木の防風林にすっぽりと囲まれた美しい集落である。西日に照らされた石垣の道を通って、奄美のカツオ漁業の創始者として知られる朝虎松翁の顕彰碑へ向かった。

そばにハブがいるかもしれないと、よけいな心配をしながら、急いで碑文を読んだ限りでは、虎松翁（明治二年生まれ）は、西古見の浜に始めて現れた鹿児島県の佐多村のカツオ船から、カツオの釣り方を学んだようである。一九九九年には、西古見でカツオ漁百年祭が行なわれているので、明治三三（一九〇〇）年が奄美カツオ漁の始まりの年である。

海に沈もうとする西日を眺めているとしか思えない人々の集りに顔を出し、西古見のカツオ漁について聞いてみる。昭和四〇年くらいまでは、カツオ漁でこの浜も賑わったものだという。他の浜から妬まれて、「ビールで足を洗っている」とさえ陰口をたたかれたそうだ。

西古見からの帰りの道は、右側にずっと加計呂麻島が見えていた。明日は対岸の芝《しば》という漁村まで行く予定である。加計呂麻島へ渡るフェリーの出発地、古仁屋《こにや》に着いたころは、小さな町は薄墨色に暮れようとしていた。

芝の浜下り

加計呂麻島の北岸にある芝の区長、豊島良夫氏（昭和一二年生まれ）に電話をかけたのは春先のことであった。カツオの「模擬釣り」を行なう、芝の「浜下《お》り」の日程をうかがうためである。ところが、思わぬ返答を聞くことになった。浜下りは経費がかかるので、今年から止めようという動きがあるということだった。

「今年だけ、何とか拝見することができないでしょうか」、電話の向こうに哀願するように、私は頼んでみた。「よろしい、寄り合いにかけてみましょう」と、区長は言って、確実なことは先のばしになった。祈るような思いの日々が過ぎ、区長から連絡が入った。潮との関わりから、今年の浜下りは五月一日になったという。

五月一日の当日、古仁屋からフェリーで生間《いけんま》に渡り、加計呂麻島を北上する。途中、島尾敏雄の文学碑に立ち寄り、特攻艇の震洋が配置されていた場所に佇んだ。雲間からときおり陽がさし、奥深い湾の水面が素早くコバルト色の海に変わる。こんな美しい風景の中で、島尾敏雄は生死のあいだを往復していたのかと、足を止めては海を眺めた。

芝の豊島区長とは、昼前にお会いすることができた。「今年の浜下りができたのは、あなたのお陰ですよ」と言う言葉を、複雑な思いで聞いた。私が関わらなければ、それはそれで使命を終えたはずの浜下りであった。「黙って生きられた文化」から「よそ者に見せる文化」へと、全国的に変異しているこの種の行事の一つに、自ら加担してしまった責任は負わなければならないだろう。

カツオの舞う浜で

芝の浜下りは、予定の午後一時をとうに回っているのに、まだ始まらなかった。潮の加減がまだよくないからだという。浜に大勢の人が集まるために、まだまだ潮が引かなければならないのかもしれない。浜下りの会計係りが近づいてきて、今にも一雨降りそうな空を仰いで、どんどん状況が悪くなるばかりだから、そろそろ始めると語って行った。

午後二時になってから、今年、参加する唯一のカツオ船、脇田丸が大漁旗で満艦飾のまま、沖

加計呂麻島の芝の「浜下り」では、カツオの「模擬釣り」が行なわれる。この後、船から餅やカツオが投げられるが、早くも子どもたちが近づいてきた（05.5.1）

へ向けて出港し、それに小さな漁船が後に続いた。芝には他に豊島丸と司丸という二隻のカツオ船があるが、操業基地を別にしているので、今年は参加していない。沖を大回りにトリカジ回り（左回り）に三回まわると、浜に戻ってきた。

浜に近づくときは、カツオを釣竿に付けて、舳先に立ち並び、カツオ漁の「模擬釣り」と呼ばれる仕草をして入ってくる。その後に、餅を撒き、しまいにはカツオまで放り投げる勇壮な行事である。

波静かな浜には、いつのまにこんなに集ってきたのかと思えるほど、子どもたちを中心に賑わい、餅を投げる前から、海に腰まで入って、船のそばに近づいている。餅が撒かれ、間断なくカツオも空に舞い、なかにはシイラを抱えた子どもが浜で笑顔を見せている。魚を抱えて家路を急ぐ子どもたちが去った浜には、無数の足跡だけが残されていた。

立神に別れを告げて

この行事の後に、浜では飲食が始まり、私も参加させていただき、一言、浜下りの行事を拝見できた御礼を芝の皆様に伝えることができた。

この芝は、近世から廻船が立ち寄り、かつては物や文化が集散する港でもあった。明治のロシア文学者で、『大奄美史』（一九四九）を編纂した昇曙夢《のぼりしょむ》（一八七八〜一九五八）は、芝の出身であり、胸像も建てられている。その昇曙夢の「島の思い出―かけろま歳時記」によると、浜下りは、昔は三月三日の大潮の日に、老若男女が浜で弁当を開き、三味線と焼酎で一日いっぱい楽しむ日であったという。それが、いつのころからカツオの大漁祝いと結び付いたかはわからないが、芝に大きなカツオ船ができたころには違いない。

焼酎の香りのなかで三味線の音を聞きながら、遠く沖を見れば、芝の湾の入口にある、通称、「立神」と呼ばれる岩に白い波が何度もかぶさっている。小さいほうの小立神に波がかかるときは沖に船を出すな、と芝の漁師たちは語り合っている。

この立神は奄美の港や漁村の入口には、どこにも立っていて、名瀬にも西古見にもあった。一種の海辺聖地であり、ここから沖は別世界を意味していた。その別世界からもたらされたカツオ一本釣りの技術は、今、大きなピークを過ぎて、この奄美でも大熊や芝に残っているだけになった。

立神は田中一村《いっそん》記念美術館の、一村の「奄美の杜」にも描かれてあった。奄美空港へ戻らなければならない時間だったので、この水平線上に描かれた立神に別れを告げた。

沖縄カツオ漁の始まり ――沖縄県・座間味島

慶良間諸島の旅

枕崎の立石利治元船頭（昭和一五年生まれ）から、沖縄の慶良間《けらま》諸島は山が高いところだから、昔はカツオが寄った島だと思うと教えられた。カツオは山蔭に寄り添う魚だったからで、鹿児島県では、枕崎の浜ではなく、黒潮の海が山々に入り込んだ坊津でカツオ漁が早くに始まったことも理解できる。

その慶良間諸島に渡ったのが、鹿児島でのカツオ漁の調査を終えてからであった。那覇泊港から座間味島《ざまみじま》まで、高速船で約一時間の旅程。泊港からも望める島々へ向けて、夕刻の船は足早に動き始めた。

はるか遠くの水平線まで連なる積乱雲の群れも、熱い大気の中に吹く甘い香りの微風も、刻一刻と空の輝きを変える夕景も、たしかに南の島へ向かっていることを感じさせたが、慶良間諸島は珊瑚礁の島のように平らではなく、高い山々が緑の海に影を写していた。

座間味漁協の女性職員が、「あなたはいいときに来た」と言いながら、忙しく民宿まで案内してくれたのは、その日が座間味島の「海神祭」であり、今夜は直会が開催されようとしていたからであった。ソーメンチャンプルーを急いで口に入れ、小道からカメラバックを振り回しながら、海神を祀るイビヌメエ（イビの前）と呼ばれる場所まで駆けつけた。

直会では、小太鼓に合わせて島の唄が歌われると、一人二人と、いきなり立ち上がって、両手の甲を波のように傾けながら踊り始める。会食には、米でつくられたばかりのお神酒と、エラブチェ（ブダイ）と呼ばれる魚、それとシークワーサーが出た。

車座になって飲んでいる漁師さんたちのあいだに割り込んで、カツオ漁のことを尋ねると、座間味では昭和四九（一九七四）年までカツオ一本釣り漁があったという。戦後は三つのクミアイで三隻のカツオ船を所有していた。座間味島でのクミアイとは、現在のような漁業協同組合のことではなく、漁船購入のための協同出資組織のことを指している。

昔のことを知りたいならば、明日、宮平勇作翁（大正二年生まれ）に会うことだと教えられ、その晩はお神酒と祭りの雰囲気を堪能することにした。

カツオ漁の始まり

翌日も朝から強い陽ざしがふりそそいでいた。座間味村役場の前には、大正一一（一九二二）年一月の銘のある「鰹漁業創始功労記念碑」が建立されている。

この碑文や『座間味村史』上巻（一九八九）や『座間味村鰹漁業一〇〇年誌』（二〇〇二）などによると、沖縄のカツオ漁は、明治二三（一八九〇）年に枕崎のカツオ船が台風から避難するために、座間味島の阿真《あま》に係留したことを機縁とするという。

それから五年後の明治二八（一八九五）年には、座間味村の阿嘉島《あか》に来ていた枕崎のカツオ船と座間味村の間切長（村長）、松田和三郎とが、ある交渉をした。「海叶《うみかのう》」と呼ばれる、当時の入漁料を半減する代わりに、島民をカツオ船に乗り込ませ、漁法を習得させることにしたわけである。その後は、宮崎県のカツオ船にも乗せて練習をさせた。

明治三四（一九〇一）年の三月、事態は思わぬことから急転する。静岡県稲取村の鱶《ふか》延縄船が国頭《くにがみ》に漂着し、座間味村では協同出資をして、その船を買い取り、ここに沖縄初めてのカツオ一本釣り漁が成立するわけであった。約百年前の出来事である。

その後、座間味島のカツオ漁は、「けらま節」と呼ばれる鰹節の名品を造り、沖縄の鰹節は、「けらま節」の値段によって相場が決まるともいわれた。この鰹節産業の勃興により、座間味島の茅葺屋根は一様に、赤い瓦屋根に変わったという。昭和三（一九二八）年からは、南太平洋のトラック諸島や、パラオ、サイパンまで座間味のカツオ船が進出している。

座間味の海上生活誌

海神祭の直会で名前を教えられた宮平勇作翁の家は、シーサーの乗る赤瓦の小道を通った奥にあった。昨晩には、翁の弟に当たる宮平重葉さん（大正一五年生まれ）から、兄は耳が遠くなり、テレビの音を大きくして見ているから電話をかけても無理だよ、と言われていたので、直接に訪問することにした。そのかわり、翁の家はすぐにわかった。屋外までテレビの音が聞こえていたからである。

宮平勇作翁は「僕はエンジニアだから」と言ったように、カツオ船の船長ではあったが、カツオ漁を側でつぶさに見てきた人で、船上の生活について詳しかった。

座間味島のカツオ漁は二月から九月のあいだ、海神祭はカツオの漁期が終わってから行なわれていた。沖縄のカツオ漁で最も困難を極めることはカツオの餌で、キビナゴやシラスを自分たちで捕ってから、カツオの漁場へ向かわなければならなかったことである。

鶏がココロコーと鳴く午前四時ころに、カツオ船は出発して、座間味島の前の海に潜り、網に追い込んでザコ（餌）を捕り、それから発動機船で五〜六時間をかけて、カツオの付くソネまで行く。

カツオ漁は日帰りだが、浜に戻ると、必ずイビと、村の神様である山奥のマカの神まで、カツオを二本ずつ上げに行ったものだという。

漁期が終了してからのお祝いはマンゴシ祝いと呼ぶ。那覇から舞妓を呼んできて、盛大な酒盛りをしたという。カツオ船の上からは団子を撒き、これを子どもたちに拾わせ、団子を餌に、子どもたちをカツオに見立てて吉相とした。そういえば、団子を撒くのは、カツオを何万匹も捕ったための供養だと、昨晩語っていた漁師さんがいた。

この風習は、枕崎のカツオ船で行なわれていた「供養釣り」に等しいことから、鹿児島のカツオ船から伝わったものと思われる。このような模擬儀礼は、三陸沿岸のカツオ船では、漁期前の、小正月の予祝儀礼として行なわたが、西南日本のカツオ船では、漁期が終わった後に大漁祝いとして行なわれることが興味深い。

一方で、カツオ船の八丁艪時代に、「エーシンエー」と言いながら漕いだという艪声のほうは、宮崎県の南郷町（現日南市）から伝わっている。

昭和四九（一九七四）年にカツオ漁を止めたのは、やはり餌の問題であったらしい。慶良間諸島の海を渡る船が多くなったせいか、餌ザカナがいなくなった。「ザコに集まる白いカモメが一匹もいなくなった」と、宮平翁の目には、昔の座間味の海が浮かんでいるようだった。

最後の漁労長に会う

座間味漁協の方から推薦されたカツオ漁師は、中山正雄さん（大正一一年生まれ）であった。座間味では、最後の漁労長（船頭）である。カツオ漁がなくなったのに、今でも「けらま節」という商品があることを苦笑していた。

一八歳になり、クミアイに入ることでカツオ船に乗ることができるわけだが、加入するときは親と一緒に、泡盛一升とタンナクルと呼ばれる黒糖で作ったお菓子五〇個を持って、挨拶をしたという。

カツオ漁は日帰りで、夜遅くになって、遠くからカツオの釣果を浜に知らせるには、汽笛一つでカツオ一〇〇本としたという。汽笛を一五回鳴らしたこともあると、この最後の漁労長は微笑んだ。マンゴシ祝いには、アダンの白い根でカツオの模型を作り、カツオ漁を演じてみせたものだという。

座間味島ではなぜカツオ漁を止めてしまったのかという同じ質問には、餌が捕れなくなったからという同じ答えが返ってきた。観光客のダイバーたちがサンゴ礁をすっかり壊してしまい、そこにザコが集まらなくなったからだという。

座間味島は今、マリンスポーツの島として観光開発を図ろうとしている。本来は座間味の漁師たちが潜り、カツオの餌になる魚を追い込んでいたのが、今は都会の若者たちが潜る海に変貌したのである。

カミンチュとカツオ漁 ―沖縄県・渡嘉敷島

渡嘉敷へ渡る

慶良間諸島の内、渡嘉敷島は東の果てにある。座間味島と渡嘉敷島《とかしき》とは、目と鼻の先にあるのだが、村が違うせいか、連絡船が出ておらず、一度、那覇泊港に戻ってから、また同じ時間をかけて渡るという、不便な航路になっている。臨時船はあるのだが、これが驚くほどの高価で、三日間泡盛で酔いつぶれても、まだお釣りがあるくらいの値段だ。

この渡嘉敷島も、明治三七（一九〇四）年にカツオ一本釣りを創始しているが、座間味島でカツオ漁を止めた時期よりも一世代前、おそらく戦後にはほとんどが釣竿を捨てている。カツオ漁の体験者が少ないだろうことを承知の上で、泊港から再度、慶良間の海に近づいて、渡嘉敷島に渡ったのが、高い青空だけが秋らしい暑い日であった。

渡嘉敷島もサンゴ礁の島でありながら、高山の多いところである。マグロだけは年中捕れるらしく、渡嘉敷漁協の建物の白い壁には、マグロの絵が描いてあった。漁協から紹介された漁師さんが、中村朝功翁（大正八年生まれ）で、昭和一〇（一九三五）年ころから、始めは餌撒きとして渡嘉敷のカツオ船に乗っている。

中村朝功翁に会う

中村翁は午睡中であったが、外から声をかけると、のっそりと起き出してきた。耳が少し遠くなったらしく、耳元で大声を出して訪問の理由を伝えると、快く寝台のそばに座らせられて、早速カツオ漁の話となった。途中で筆談を加えながらも、なんとか話がとぎれることなく進んでいった。

中村翁は六〇歳まで海に潜っていたという、典型的な沖縄漁師である。カツオ船には朝の三時ころに起きて乗り、夜明けころに餌場に着き、バカジャコやキビナゴなどを、追込み漁という漁法でサバニという磯舟に捕ってから、粟国《あぐに》島と久米島のあいだの漁場へと出かけた。

漁期は旧暦の二月ころから八月一五日ころまで、八月になると寒流が入る時分で、カツオも少なくなるという。しかも、真夏の沖縄の海は、カツオは昼に水面に浮き上がることはなく、夜明けや夕暮れに顔を出したという。

中村翁に会う前に複写してきた「渡嘉敷漁業協同組合史」には、戦前の鰹節工場の写真が載っている。瓦屋根の建物で、レンガの煙突がなければ、ほとんど寺院と見まがうばかりに大きい。その写真を拝見してもらいながら話を進めると、水揚げされたカツオは、すぐに頭と腸《はらわた》を出してから煮たという。カツオの頭などは乗組員に分配され、頭は塩漬けにした後に、南蛮壺に入れて保存し、腸は塩辛に加工して食料にした。

鰹節が一万本もできると、「マンブシ祝い」と称して神様を拝みにあるいたという。カツオが水揚げされたときに、棒に縄でカツオを二本かけて、海神宮へ持っていくのも、鰹節工場で働く人たちであった。

中村翁と話をしているうちに、奥さんの綾子さん（大正九年生まれ）が外から戻ってきた。けげんそうな顔でこちらを見つめたが、訳を話すと、奥さんもそのまま話に加わった。

カミンチュの役割

中村綾子さんが話してくれたのは、カツオ漁における女性の役割であった。鰹節の削り職人の多くは女性たちであったが、他にカツオの不漁が続いた場合に、船頭がその女性たちに頼むことが一つあった。それは、彼女たちが、ノロやカミンチュ（神人）と呼ばれる巫女に行き、海のウグァン（拝み）ということを行なってもらうことである。海神祭もカミンチュが采配したという。カミンチュのことは座間味島でも聞いた。座間味の宮平勇作翁（大正三年生まれ）によると、カツオ漁が不漁になると、村のカミンチュに占いをたててもらいにいったという。

すると、カミンチュは、たとえば「水揚げをしないで置き忘れたカツオが一匹、船にあるために漁がないのだ」と語った。「神様がカツオを上げたのに、陸上げしなかった」ことが不漁になった理由だという。海の神がカツオを占有していたのである。一年に一～二回は、このカミンチュにもカツオを上げたが、この魚のことをウタカベモンと呼んだ。

このカミンチュは座間味の村に四～五名はいる。小さいころから体の弱い子がいると、那覇のユタ（巫女）などに相談するが、カミンチュにならないと駄目だと言われ、神に仕える身となるという。ただし、結婚は自由であった。

中村綾子さんから教えられたことの一つに、渡嘉敷島でもカツオ船に女性一人を乗せるなと、言われていたことである。また、「カツオ釣りにあるく人」（カツオ漁師）がお産の見舞いにいったら不漁になるとも言われている。それとは逆に、ハブを殺すと漁をすると、ここでは伝えている。

カミンチュに対する信仰は、カツオ漁の始まりよりも、はるかに古い、沖縄独自のシャーマニズムである。沖縄のカツオ一本釣り漁は、たしかに明治時代から始まった後発の産業であった。しかし、ユタやカミンチュとカツオ漁との関わりは、遠く三陸沿岸のオカミサンやイタコなどの巫女と漁業との関わりかたに等しいものがある。

なぜ、東北と南島にシャーマニズムが現在でも生きているかという課題は大問題であるが、少なくともカツオ漁を介して見えてくる南島の信仰世界は、後発の産業であることを超えて、魅力のある世界を開示してくれている。

海人のカツオ漁　―沖縄県・渡名喜島

福木の蔭に座って

沖縄本島の近くを流れる黒潮は、本島の西側を北上している。そのために、カツオ漁の盛んだった地域は、本部町や慶良間諸島などの本島の西側に集中している。そのカツオ漁の島のうち、昨年、台風で渡りかねた島が一つあった。慶良間諸島より、さらに西に位置する孤島の渡名喜島《となきじま》である。

平成一六（二〇〇四）年は民宿の主人から、台風が近づいているので、島に渡らないほうが賢明であるという電話をいただいた。何日も島に閉じ込められてしまうことが多いからである。今年は空模様を見て、那覇の泊港から、渡名喜島に渡る一日一便の久米島フェリーに乗船する。約二時間と少々とで、リーフ（環礁）の中の渡名喜港へと到着した。

両側につるつるとした緑の葉の福木が繁る、白い砂の道を歩いていると、今着いた船で届いた荷物を一輪車で運んできた、おじいさんに出会った。比嘉義信翁（大正六年生まれ）は、八八歳になろうとする、島の元気なオジィの一人である。もちろん、この島のカツオ漁の盛衰も、つぶさに経験している。昭和九（一九三四）年には、パラオまでカツオ釣りに進出している。

降り注ぐ陽を避けて、福木の蔭に腰を下ろし、早速ノートにペンを走らせる。渡名喜島のカツオ漁は、多いときで八隻のカツオ船があり、一隻に付き三五名ほどが乗船していた、島の重要産業であった。八〇年代前半の瑞豊丸が最後のカツオ船として活躍しており、その後は止めている。

漁期は旧暦の三月から一〇月ころまでで、漁場は終戦のころまでは、この島の付近でもカツオが捕れた。山仕事をしながら、カツオを釣る姿を見ていたものだという。カツオは粟国島の付近でも捕れ、話ができるような近くにカツオが現れた。三〇〇〇匹でも捕れれば、八色の旗を立てて入港してきたという。

渡名喜の万越し祝い

沖縄のカツオ漁では、かつてはカツオの餌も自分たちで捕ってから漁場へ向かった。スルグアーとかバコジャコと呼ばれるキビナゴの一種で、海人《ウミンチュ》たちが、海に潜って、網に魚を追い込む漁法である。午前の三時ころに島を出発して、リーフ付近で一〇回ほどの追込み漁を行ない、それから鳥島付近のソネに付くカツオ漁場へ向かった。

カツオ船には、目ヌキと呼ばれる、その船の組合員以外の釣り上手が乗ることがある。自分が釣ったカツオの四分の一は自分のものになるということで、カツオの目に印を付けておいた。以前は、目を抜いたらしく、目ヌキの語源はここにある。民宿の主人の又吉正夫さん（昭和五年生まれ）によると、目ヌキは浜に戻ってからカツオ節に加工する場合にも、目印にカツオのシッポに竹を差し込んでおいたという。

渡名喜漁協で紹介された大城樽さん（昭和四年生まれ）によると、カツオを一〇〇本以上捕ると、船に赤・白・黒の三色の旗を上げ、二〇〇本から二五〇本のときには赤・黄・白・緑・黒の五色の旗を上げ、三〇〇本以上は、それに三色を足して八色の旗を上げたという。また、この島では、カツオの終漁祝いとして、その年が大漁であれば、「万越し祝い」というお祝いを行なったという。

このお祝いでは、カツオの模擬釣りが行なわれた。エサに見立てた珊瑚のバラス（破片）をジャコマキ（餌撒き）が投げ、アダンの幹で作ったカツオで釣る真似をしたという。漁船からオカに向けては、飴玉が投げられ、子どもたちが集まってそれらを奪い合った。この後、豚をつぶして（殺して）宴会を開いたという。

渡名喜のマンナオシ

漁協で出会った大城さんからは、大漁のときだけでなく、不漁のときのことも聞いてみた。この渡名喜島でも、不漁が続くと、三陸沿岸のオカミサンに等しい、カミンチュと呼ばれる巫女にお願いをしてみた。

たとえば、水揚げを忘れたカツオを船にそのままにしているために不漁になった場合には、そのカツオを見つけて七つに切り、オモカジから捨てた後、マンナオシと呼ばれる不漁祓いはカミンチュが取りはからう。

カツオ船には女性一人を乗せられなかったので、カミンチュ二人をまず、テンマ船に乗せて、そのカツオ船の周囲をオモカジ回りに七回まわった後、トリカジから乗せる。二人のカミンチュは、ススキを手に持ち、オモテからトリカジとオモカジに二手に分かれてトモまで船をたたいてから、オモカジからテンマ船へ下りる。そのススキは船の上に乗せておき、次に出港するときにボースン（甲板長）が後ろ向きにそれらを海に投げたという。

渡名喜島のカツオ漁は、パラオなどの遠洋へ行くカツオ船と近海のカツオ船とに二極に分かれたが、バカジャゴなどのエサやカツオ自体が減少するにしたがって、次第に止めていく船が多くなっていったという。

離島の現実

この渡名喜島では、思いもかけない経験もした。梅雨前線が停滞して、台湾から次々と雨雲と強風が流れ込み、帰りの船が港に着かずに、目の前から戻っていったのである。波浪が高く、リーフから中に入れなかったためである。

フェリーに乗り込もうとしていた乗客たちは、祈るように船の様子を見ていたが、誰かが「ああ、船が西へ向いた」と観念した声を出した。一日一便の船が踵を返して去っていってしまった船着場では、一人去り、二人去り、それぞれ自宅や本日の宿を求めて戻っていったが、私はただ呆然としてしまって、いつまでもベンチに座ったままだった。

あの船には、この島に渡ろうとした客も乗っていたはずである。昨日出会った大城樽さんは、自分が乗ろうとする船でなくても、入港しようとした船が島の目の前で去っていくのを見るのは寂しいもんだと語っていた。この低気圧では、明日には晴れて船が入港するという保障は一つもない。離島の旅で、初めて鬼界島の俊寛のような心細さを感じた。

離島に日本の古い民俗が残っているということは、残らざるを得ない切実な問題があったはずである。昨日も出会った漁師さんの一人からは、「住民票を移したのかね」と、大きな声で笑われた。夕方には、漁協の若い職員と漁師さんたちから「閉じ込められたね」と声をかけられ、泡盛とカツオの刺身で慰めてもらった。渡名喜島を映した、過去のテレビ番組のビデオも全て再生して見せてもらった。

その夜は寝つきも悪く、夜中に何度も起きては、雨や風の様子を捉えようとした。暗闇で風の強さや方向を探る耳は、もはや漁師の耳のように、とぎすまされている。翌日、那覇へ戻る船がリーフを越えて港に入ってきたときの喜びはたとえようもなかった。取り残されていた乗客たちは嬉々として乗り始め、長かった渡名喜島の数日を後にしたのである。

オジィたちのカツオ漁 ―沖縄県宮古島市・池間島

島から去った若者たち

下降する飛行機の小さな窓から、リーフ（環礁）に砕け散る白い波だけが見えてきた。六年ぶりの宮古島に、いよいよ到着である。

宮古諸島は、宮古島の西側を、池間島・伊良部島・来間《くりま》島などの小島が囲んでいる。宮古本島から今、橋で渡れる島は、北の池間島と南の来間島である。池間島は、伊良部島と並ぶカツオ漁の基地であり、この島から伊良部島の佐良浜《さらはま》へ、この技術が伝わった。

しかも、池間島のカツオ漁は、今でも、自分たちでカツオの餌を捕ってから漁場へ向かうという漁を繰り返している。しかし、そのカツオ漁の島でも、後継者不足であることは、他の地域とかわりがない。最盛期には一五隻もあったカツオ船も、今では第三宝幸丸一隻を残すだけになった。

その宝幸丸のウヤズ（オヤジ）をしている与那原義弘さん（昭和二年生まれ）によると、平成四（一九九二）年に、この島に橋がかかってから、若者たちが少なくなってきたという。彼らは、いつでも車で家に帰れることに安心して、親を置いて宮古本島の平良《ひらら》という都市に所帯をもち始めた。島に残っている若者たちも、夜になれば平良の町に飲みに出かけるようになり、小遣いが残らなくなった。総じて、この島から若者たちの姿が消え、カツオ船に乗る者も少なくなったわけである。

生きている追込み漁

私が池間島を訪れた三日前、島は今年初めてのカツオ漁とその大漁に沸いた。平成一七（二〇〇五）年七月二四日付けの「宮古毎日新聞」によると、「この日（二三日）は一匹十三キロほどある大ぶりのカツオを約百五十四、一トン半水揚げ」したという。

池間漁業組合長の与那嶺昭夫氏によると、今年が例年になくカツオ漁の開始が遅れたのは、カツオ漁を今年、操業するべきかどうか、ぎりぎりまで話し合いが行なわれたためだという。海外からの輸入カツオによってカツオの値段が下がり続けている上に、原油の高騰を危ぶんだためだという。それに加えて乗組員の高年齢化が進み、二〇トンくらいの宝幸丸には、今、六人しか乗っていない。

池間島のカツオ船のオヤジの役割とは、サバニと呼ばれる磯舟に餌を捕る網などを積んで、カツオ船とともに出かけ、その網でカツオ船の乗組員が餌を捕獲した後、また道具を積んでオカに戻ってくる仕事である。

主な餌魚はジャコとかバカジャコと呼ばれる、イワシの子どものような魚である。海に潜ってから魚おどし竿で網にジャコを追い込む漁で、糸満のアギヤーを始まりとする沖縄独特の勇壮な漁法である。今では奄美地方や伊良部島などに残る数少ない漁法でもある。

かつては、二月末か三月ころからカツオ漁が始まり、餌は八重干瀬《ヤビシ》で捕ったが、沖縄の海でもこの時期は冷たい。池間公民館前で夕涼みをしていた、昭和二年生まれの仲間さんという漁師さんの話では、船の上で、ドラム缶を半分に切ったものをトモとオモテに置いて、その上で火を焚き、暖をとりながらの潜水であったという。

宝幸丸の与那原義弘さんからは、実際の魚おどし竿を見せていただいたが、この竿の先に短冊のようなものを付けて、魚をおどすという。昔はアダンの葉を付けることもあった。

カツオ船を待つ

池間島から平良に戻るバスは、午後には一時・四時・六時・八時しか走っていない。小中学校が夏休みになると、六時のバスは運休と聞き、沖縄の夏の夕空がとっぷりと暮れるまで、バスを待つことにした。

バスを待つことにしたのはほかでもない、第三宝幸丸がなかなか池間港に戻って来なかったためである。宝幸丸のオヤジ、与那原義弘さんは、「今日は遅い〳〵」と繰言を言いながら、沖を見るでもなく、港にぽつねんと座って待っていた。私も、そばに座ってカツオ船を待ちながら、ぽつりぽつりと、このカツオ船のオジィから、昔の話を聞いていった。蚊の襲来さえなかったら、気持ちの良い、南島の夕涼みであった。

漁場の八重干瀬からは二時間の距離である。漁がなかったときは、ニライ号と呼ばれる大きなパヤオ（浮き魚礁）に寄って釣ってくるという。その宝幸丸は、私がバスに乗る間近に入港してきた。先日の大漁時より、小ぶりのカツオであったが、灯りをともしての水揚げが始まった。船長（沖縄では漁労長〔船頭〕のことを指す）の子どもが、船に乗り込み、さっそく皿に残されていたカツオのツム（心臓）を食べ始めた。船を迎えにきていた船長の奥さんも、私に手招きをして、一緒にツムを食べてくださいと勧めてくれた。空腹にはご馳走に値する、歯ごたえのある、おいしい心臓であった。

帰港した船に早速乗り込んで、ツムを食べる船長の子ども（05.7.26）

仲地オジィに会う

翌日、再び池間島に渡り、組合長から推薦のあった仲地義吉翁（大正一二年生まれ）に会って、池間のカツオ漁について尋ねた。

仲地オジィは、こちらが沖縄語で語ることができないように、本土の言葉を上手に駆使する人ではなかったが、宮古の言葉を知るには大切な人であった。

いや、むしろ、生活には必要のない、「日本語」とか「共通語」とか呼ばれる曖昧な言葉を使わないほうが、自然な接し方だったのではなかろうか。

方角の東のことをアガリと呼び、西をイリと呼ぶのは沖縄地方では一般的であるが、これは太陽の「上がり」と「入り」を表現している、すばらしい言葉である。カツオ船に最初に乗ったウトゥス（若い者）の配当は「半タマ」であったと使われたタマという言葉は、分け前を意味する古い言葉である。「お年玉」のタマは、この言葉に由来する。

仲地オジィは、ユタなどの民間の巫女のことをモノシリと呼んでいたが、昔は東北地方でもモノシリはイタコなどの民間の巫女のことを指していた。ユタのほかに、カツオ船では身内の信心深いニガィンマと呼ばれる女性が神事に関わる。漁初めのカンネガイ（神願い）と、一〇月ころの終了祝いにはニガィンマが出て、豚をつぶして（殺して）お祝いをした。

伊良部島にカツオ漁を伝え、南太平洋でも活躍した、池間のカツオ漁師たちは、今は現役が少なくなっている現状である。カツオ漁で栄えたどの地域でも、この漁をめぐる盛衰のドラマがある。池間のオジィたち一人一人の胸の内にある、大漁時の思いをすくい、文字にとどめたいとあるき回ったが、予定した時間は使い果たされてしまった。

昔はカツオのほうからやってきたという池間島、その姿を宮古空港から飛び立った飛行機の窓から見たのは、ほんの一瞬であった。

ソロモンへの海の道 ——沖縄県宮古島市・伊良部島

一

佐良浜のカツオ漁

「佐良浜《さらはま》」という地名を初めて耳にしたのは、東京駅の近く、マルハ株式会社の海外漁業事業部ソロモン事業課のオフィスであった。ソロモンのカツオ漁について、調査へ行く前に、企業側からの情報も得ておきたかったので出向いたわけであった。

ソロモン諸島国のニュージョージア島、ノロを基地とするカツオ漁では、日本の技術指導により、ソロモンの人たちもカツオ一本釣りをするようになった。ソロモンでカツオ漁を実際に行なっていたのが、沖縄の宮古島諸島の伊良部島、佐良浜の漁師で、私がソロモンへ行った平成一〇（一九九八）年ころにも三〇人は赤道を越えていた（注1）。

それ以降、「佐良浜」の地名は心に焼き付いて離れなかったが、翌年にようやくそこへ訪れる機会を得た。奄美、沖縄本島、宮古と、飛行機で島を渡っていたために、宮古島の平良から連絡船に乗って伊良部島に渡るときには、小さな窓から行く手を何度ものぞきながら心をときめかせた。小窓には、やがて段丘に白亜の民家が連なる佐良浜が近づいてきた。

早速、伊良部町漁協の組合長、奥原隆治氏（昭和六年生まれ）に挨拶をして、昔のカツオ漁を

佐良浜のカツオのモニュメント
(99.9.13)

よくご存じの漁師さんを紹介してもらう。奥原氏の手持ちの資料によると、佐良浜のカツオ漁の始まりは、そんなに古いことではない。明治四二（一九〇九）年に帆船の御幸丸が、宮古島の先端にある池間島と伊良部島との間でカツオを釣ったのが始まりという。

池間島のカツオ漁はそれより三年ほど早いが、二つの島のあいだは、島にいてカツオを釣っている様子が見えるほど良い漁場であった。伊良部島にカツオ一本釣りの手ほどきをしたのが、静岡県のカツオ船だったと伝えられている。それが、約二〇年後の昭和六（一九三一）年には、南方のパラオやトラック諸島、ポナペ島へ、佐良浜のカツオ船は海を開いていったわけである。

カツオ漁の民俗

漁村特有の、家の密集した坂道を登り、まずは組合長から推薦された佐良浜の武富金一翁（明治四三年生まれ）を訪ねたが、翁はあいにく留守であった。近所の人の話だと、家族が遠方に出かけたために、宮古島の病院でしばらく生活しているという。

翌日、平良に戻り、病院のバスに乗って、金一翁を訪ねてみる。「金一オジィ、お客さんだよ」と看護婦さんの呼ぶ声で現れた翁は、病院で生活しているのが不自然なくらい、丈夫で、しっかりとした人だった。この金一翁こそ、佐良浜の南方カツオ漁を開いた、第一世代の一人である。

金一オジィは、ベッドの上にあぐらをかいて、話の途中で自分に相づちをうつように「佐良浜はカツオで豊かになったようなもんだ」と、何度も繰り返していた。カツオは面白いように釣れたという。カツオの餌は、佐良浜沖ではバカジャコ（リュウキュウキビナゴ）とかムギャ（スカシテンジクダイ）と呼ばれる稚魚を、潜って網に追い込んで捕った。

南方での餌は黒イワシ。餌の質が良いために、漁は楽であったという。昭和四十年代から始まったソロモンのカツオ漁では、餌はキビナゴ、夜に松明を燃やしただけで集まってきた。流木にもカツオは付くことは南方でも同じで、金一翁は「流木は宝物だね」と語った。

佐良浜の漁師たちは、カツオ漁に関わらず、以前から南方で活躍していた。ボルネオ・セレベス（スラウェシ）・スマトラ・シンガポールなどの東南アジアまで、追込み漁などで出かけている。私が途中の飛行機のなかで読んできた金子光晴の『マレー蘭印紀行』（一九四〇）には、昭和初年の「在南邦人の内、琉球漁夫はシンガポールだけでも一万人を数える」と記してあった。南方漁業の伝統があったればこそ、カツオ漁もソロモンまで開拓できたものと思われる。

私がとくに関心を抱いたのは、カツオ漁をめぐる信仰である。初漁のときには、船の上でカツオをぶつ切りにして、オカに近づくと岸に集まってきた島人に向かって、それを投げ与える。これをオオバンマイと呼んだ。漁期が始まって最初に捕れたカツオは、ツカサとかモノシリとかニガィンマと呼ばれる、宗教的な力能のある女性たちに与えた。

モノシリとはクミアイ（カツオ船購入のための協同出資組織）で選ばれる女性、ニガィンマとは、ある特定の一つの船だけの大漁と安全を願っている女性である。ニガィとは「願い」のこと、ンマとは母親、あるいは主婦のことである。三陸沿岸では、エビスガァサマと呼ばれる、家の主婦に当たり、やはり初漁や大漁のたびに魚をもらった。

ユタとニガィンマ

ニガィンマは船長の家族や親戚などの女性の中から、とくに生まれつき信仰深い人が選ばれた。奥原組合長の船の場合は、姉に当たる池間治子さん（大正一四年生まれ）であった。遠方で漁をしていて、不漁が続いたりしたときに、すぐにニガィンマに電報を打つ。佐良浜で待つニガィンマは、それをすぐにユタと呼ばれる宗教的職能者に相談する。

ユタは「占い」のような行為をすることで、不漁の理由が「船に残された魚が腐っているせいだ」とか「釣竿を海に落としたせいだ」とか「包丁を海に落としたせいだ」とかいう、一種の判断をニガィンマに与えて、さらに彼女が船へと結果を知らせる。

ユタは女性のシャーマンであり、目は不自由ではないが、漁業に対して東北地方のイタコやオカミサンと同様の職能を果たしている。奥原組合長は次のような経験をしている。パプアニューギニア沖で漁をしていたときに、あまり漁にめぐまれなかった。いつものようにニガィンマを通して、ユタに判断を仰いだところ、「鳥を捕って、いじめている」ということを語られた。奥原氏には、すぐに思い当たることがあった。自分の船でカツオドリを捕獲して、ペットのように養っていたからだ。早速、鳥を飛ばしてやったところ、漁運に当たり始めたという。

「佐良浜には今でもユタさんがおりますか?」と尋ねたところ、組合長は少し笑って、「私の姉が、ニガィンマからユタになった。少し耳が長い（遠い）が、寄ってみなさい」と勧められた。東北地方で漁業の信仰を追っていくうちに、巫女の世界へ導かれたように、この南島でも同じ道筋でユタと会えることになった。

ユタとカツオ漁

池間治子巫女は、足を悪くされ、あまり外へ出歩かないそうだが、私の突然の訪問にかかわらず、ベッドの上に座ったまま、快く応じて下さった。幼いころから霊感が働き、長じてからは、ニガィンマの役割を果たすとともに、伊豆ツル巫女というユタのもとに通ううちに、信仰を深めていったという。

二〇歳ころには病気がちになり、床に臥して起きられず、わが子に与えるためのご飯を鳥が来てついばむのを、情けない気持ちで寝床から見続けていたこともあったという。その子が長じてから、あるとき尖閣諸島にカツオ漁に行こうとするときに、胸騒ぎがして引き止めたことがあった。そのときは船員が皆、下痢をして、漁をせずに戻ってきたという。

「カツオ船が南方などへ、どんなに遠く行っても、伊良部島で一番高い牧山にいる神様が教えてくれる」、池間巫女はそう語った。「弟（奥原組合長）は、ずっと私の言うことは聞き入れてくれました」、その一言は、宮古で今でもオナリ神が生きていることを確信させた。オナリ神とは、南島において、兄弟を守護するといわれる姉妹の霊のことである。

佐良浜は一七二〇年に、池間島から強制移住をさせられて生まれた集落である。池間島をいつも見えるところにと、家々は斜面にそって建てられたという。伊良部島の東海岸から池間島を望んだあと、私は佐和田の浜へ行き、東シナ海に沈もうとする夕陽を見た。あくまで黒々と輪郭がはっきりとした影を作る光と、空気と花の匂いが、昨年に行ったソロモンの島の夕景に、すこぶる似ていた。

二

台風へ向かって

二度目に伊良部島に行ったのは、『カツオ漁』（二〇〇五）を上梓してから一年が経ってからであった。この書はそれまでとは違って、全国の漁師さんから釣針加工業者さんまで、幅広い読者からの反応があった。

沖縄県宮古島の伊良部町の水産観光課でも購読していて、池原豊さんから「本を読んだよ」と激励された。それは、伊良部島の深夜の佐良浜港のことであった。これから乗ろうとしているカツオ船、喜翁丸が着いている岸壁の上に腰を下していた、顔も見えない暗闇の中だった。伊良部町教育委員会の仲間勝行さんが私を池原さんに紹介してくれたのである。

この伊良部島の佐良浜中学校では毎年、三学年の男子が全員、カツオ一本釣りの体験学習をしている。遠くはソロモン諸島までカツオ漁に行っていた、佐良浜ならではの社会教育である。いつの日かは実際のカツオ漁を拝見したいと思っていた私にとっては、またとない乗船の機会であった。ただ、今年の実施予定日の七月七日は所用が重なり、乗船は無理だとあきらめかけていた。ところが、台風三号が宮古島へ近づいてきたのである。予定日がいきおい早まったことが、佐良浜中学校の校長先生、平敷善盛氏から電話で伝えてもらった。台風を迎え撃つように飛行機に跳び乗り、七月四日には校長先生と対面、「本当に来るとは思わなかった」と、あきれ顔で迎えて下さった。中学三年生の男子二六名は、明日未明、五隻のカツオ船に分かれて乗船することになっていた。

「たぶん、明日の乗船は可能でしょう」と校長先生は語ってくれたが、実際に乗る船が決まったのは、当日五日の午前一時近く、船に乗る直前であった。カツオ船は喜翁丸、船主兼船長は漢那一浩氏であった。他に乗組員七名と中学生七名、その父兄が二名、水産観光課の池原さんと、教諭の安田一博先生、それに私の、計二〇名を乗せたカツオ船は、深夜、見なれぬ星座を散りばめた夜空の下、佐良浜港から離れていった。

夜明けの釣果

喜翁丸は先に、氷とカツオの餌をそれぞれの船倉に入れる作業を行なった。カツオの餌は、ここではグルクンやスズメダイの稚魚で、皆、追込み漁で捕る。この佐良浜の追込み漁も、沖縄本島の糸満漁師が伝えた漁法であるが、糸満では消えた漁法がここでは生き続けている。その理由は、カツオ漁の盛行と無縁ではないだろう。追込み漁は、佐良浜中学校では、二学年の体験学習のカリキュラムである。

喜翁丸の出発間際に、「酔い止めの薬は飲んだほうがいいよ」と言って、乗組員の一人が、飲みかけのコーヒー缶を私の目の前に突き出した。「コーヒーで飲んでもだいじょうぶですか」と尋ねると、「俺はいつもそうしているよ」と答えて甲板を歩いていった。

ところが、この船酔いの薬はたしかに効いたのだが、同時に眠気も倍増する。さすがに立っているときはそれほどではないが、腰を下した途端に夢の世界に直行する。船べりに座ったものなら、そのまま海に転落するのではないかと思うほどであり、船酔いよりも恐ろしい世界が待っていた。

池原さんにすすめられるままに、トモ（船尾）の甲板に靴を脱いで仰向けになり、あとは夜明け方に「そろそろ起きたほうがいいよ」と起こされるまで、ぐっすり熟睡してしまった。薬を服用しなかった安田先生の方は、船酔いが始まって、顔をゆがませて、うずくまっている。

熟睡するまでのあいだは、遠く宮古島の灯が、波間に見え隠れするように浮かんでは消えていたのが、もう周囲には陸地らしいものは見えない。船長の合図で、左舷に喜翁丸の乗組員と父兄、トモに中学生が並んで一本釣りが始まった。

まだ薄暗い夜明けの中に、ドスンとカツオが甲板に落ちる音がするとともに、次々にカツオが釣れて宙を切っていった。中学生の釣竿にもカツオがかかってくる。カツオが頭にぶつかるのが一番危険で、船内を移動するにも、宙を舞うカツオに絶えず注意しなければならない。

それほど長くもなく漁が終了するころ、朝日が海面から静かに昇り始め、トモでは釣ったばかりのカツオの刺身と、味噌汁に入れたカツオの煮物で朝食がつくられた。あまり食欲もなく、ご飯には手が伸びない。沖縄特有の酢味噌で食べるカツオの刺身だけを、むしゃくしゃ口に頬ばった。この味は、南海のカツオ船の上で、熱い風に吹かれながら食べると、たしかに絶品であった。

藍の海から飛ぶカツオ

漁船に乗せてもらうたびに心配するのは、この食事と排せつという基本的な事項である。常には九人で乗っている喜翁丸には船内に便所はない。近づいている台風のウネリで揺れている船の上から小用をするには技術がともなう。船べりにはロープが張られているだけで、そのロープに腹を当てて支えながらすればよいとのご教示があったが、それがなかなか至難の業である。

一度目は、自分の身が海に放り出されないようにするのが精一杯で、漏らしたようにしか出ず、排尿感はなかった。二度目には、子どもに尿意を起こさせるように「シーッ」と口の中で唱えて

佐良浜のカツオ船、喜翁丸による宮古島沖のカツオ漁。手前でタモを持って立っているのが餌撒き。餌は追込み漁で捕ったグルクンの稚魚などである（06.7.5）

暗示をかけたら、うまくいった。揺れている船の上から小便ができれば一人前と、どこかの漁師さんが語っていた。

昼間はカツオの群れに、なかなか当たらなかった。船長が双眼鏡で海鳥の様子を見ては、そちらへ向かうが、藍色の海は音を立てなかった。正午に近くなったころ、船長は宮古島の南、八～九キロ沖のパヤオ（浮き魚礁）へ行く決心をした。沖縄のカツオ漁は、現在、群れを探すよりは、パヤオへの日帰りでカツオを捕る方が主流である。そのほうが確実にカツオが釣れるからである。

中学生を乗せた昇栄丸も同じ漁場に近づいてきた。向こうの船も、なかなか漁に当たらないようであったが、遠くから見ていると、一本でもカツオが海面から竹の子のようにニョキッと顔を出して釣れたら、次々とカツオが上がってくる。釣竿が、カツオの重さでしなる様子も美しい。

いつのまにか、こちらの船も、カツオが甲板でバタバタと尾ビレをたたく音が聞こえてきた。カツオが銀色になって身を震わせながら飛んでいき、後ろの甲板に落下する。カツオが甲板で暴れる数が多くなると、うっすらと甲板が血で染まっていく。まずまずの漁であった。

ソロモンのカヌー小屋

平成一〇（一九九八）年に、佐良浜のカツオ漁師たちが活躍したソロモン諸島国のマライタ島のグワイダロ村に、単身で飛び込んだことがある。そのときにファエファエと呼ばれる若者宿のことを、ピジン・イングリッシュで聞き取ることができた。

ファエファエの中で、少年たちに秘密に教えることの一つにカツオ漁があった。また、船に乗って漁をしながら遠く旅することが、一人前の若者として認められる条件でもあったことも聞いた。ソロモンでは若者宿がカヌー小屋であることも多い。ミクロネシアのサタワル島でも、カツオ釣りを習得することが一人前の男になった証拠とされる。

このように、広く環太平洋にわたって分布している、カヌー小屋や船上の若者宿の風習が佐良浜にもかつてはあり、ときを経て、この佐良浜中学校の体験学習という名で、よみがえっているとしても不思議ではない。陽の降りそそぐ船上で、そんなことを感じ続けた旅だった。

注1　ソロモン諸島における合弁カツオ漁業については、若林良和『水産社会編―カツオ漁業研究による「水産社会学」の確立を目指して―』（御茶の水書房、二〇〇〇年、六～二七二頁）に詳しくまとめられている。

南の果ての祭りにて　—沖縄県・波照間島

珊瑚礁の上を飛ぶ

いつのころからか、私の最初のフィールド・ワークは波照間島《はてるま》であったと信じている。結局は波照間の民俗で卒論を書くことは断念したわけだから、厳密な意味では違っている。この調査旅行から、およそ三年後の『東北民俗』第十二輯に掲載された「三陸町吉浜スネカ覚え書き」（一九七八）が、私の初めての民俗報告であったからである。

しかし、それでも、やはり波照間が最初の調査地であったことには変わりはない。初めての聞き取り調査の苦労もさることながら、海が荒れた、帰りの船旅も忘れられない。

出発前の停泊中から船は横に揺れていた。これは、完全に船酔いをしてしまうと思った私は、波照間港から出港する間もなく甲板に出た。船はそれでも大きく揺れてきたので、何かにつかまって腰を下ろし、気持ち悪くなると、思い出されるかぎりの歌を大きな口を開けて歌い始めた。小学校唱歌から歌謡曲まで、頭から大波をかぶりながらも歌い続けた。

船が黒島や小浜島、西表《いりおもて》島に近づいたころに、ようやく海がおだやかになった。船底でぐっすりと眠っていた太平楽な友人が出てきて、私の濡れネズミの姿を見て、「おまえ、何してたん？」と、人の苦労も知らない、けげんな顔をされた。

今、その同じ海の上を私が乗った飛行機が飛んでいる。パイロットを入れて一〇人乗りの飛行機で、飛行時間は三〇分もかからない。今では波照間島から石垣島まで船を用いるとしても、日本最南端の島から故郷の東北の気仙沼へ、その日のうちに帰ることができる距離になった。それが一番の驚きである。

空から見る海の色は、コバルト色からエメラルド・グリーンへ、さらに青銅色から青インクを撒いたような透明なブルーになる。点々と海の中の珊瑚礁が、川底の朽葉のように見えては、後ろへ去っていく。波照間の集落の上を大きく旋回して、飛行機は波照間空港に降り立った。およそ三〇年ぶりの光と風の匂いに包まれて、私は思い出の地に一歩を踏みしめた。

南波照間

両側にサトウキビ畑、正面の青空の隅には入道雲が小さく見える、一本の長い道を、自転車のペダルを踏んで、日本最南端の地に再び行ってみる。

柳田国男の『海南小記』(一九二五)には、この波照間島の南の沖に今一つ、極楽の島が波浪に隠れていると信じられ、それを「南波照間」と呼んでいたという。その南波照間島でも探すように目を細めて、藍色に輝く海原の前に、しばらく立っていた。

三〇年前のことで思い出されるのは、むしろ、この波照間から南ではなく、北側を見つめていたことである。慣れない言葉が飛び交う聞き書き調査に疲れると、よく私は、西表島の山々の見える北側の浜辺に降り立った。

この波照間島には山がなく、八重山地方が一般にそうであったが、神社や寺院などがいっさいない。私が当たり前のものとして、すごしてきた風景とは異なるものであった。その山恋しさに、西表島の高山を見つめていたわけだが、西表を通して見ていたのは、〈日本〉であり、東北地方であり、故郷であったはずである。

むしろ本来の〈日本〉は、この波照間島などの南島の文化に凝縮されていることは、柳田国男の『海上の道』（一九六一）や吉本隆明の「南島論」を通して理屈では知っていたが、それでも山を恋する気持ちは、どうしようもなかった。

私が頭に日本地図を浮かべるときは、いつも、この波照間島で〈日本〉と向かい合った地点からページが開くような気がする。今でも島々を渡り続けているのも、基本的には、〈日本〉に向き合うという同じ姿勢以外に理由はない。

そういう意味でも、波照間島は私の原点であった。

ムシャーマのカツオ釣り

二度目の波照間旅行を思い立ったのは、この島の最大行事ムシャーマの中で、カツオ一本釣りの模擬儀礼が行なわれているためであった。

旧暦七月一四日に、このムシャーマが行なわれるが、前《まえ》・西・東の集落で一種の仮装行列を組んで、中央の公民館に集まる行事である。ミルク（ミロク）という大きな仮面をかぶった神を先頭に、ミルク節や稲搾り節などを歌いながら、要するに一年間の稲作の工程を行列に取り入れた、予祝の行列であった。その仮装行列の最後に付くのが、「魚つり」と呼ばれるカツオの一本釣りである。

波照間島のムシャーマでは、ミルク（ミロク）を先頭に、豊年と豊漁を願う仮装行列が続く（04.8.28）

ムシャーマに登場するカツオの一本釣り。カツオの模擬儀礼では日本の最南端に位置し、カツオはデイゴの木で作られる（04.8.28）

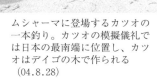

前集落の公民館には、ヤラブ（テリハボク）の実や、ホウボクと呼ばれる、巨大なインゲン豆を思わせる、なり物をつるした木が立てられており、これは行列の先頭が持たせられる。ほとんど、東北地方の小正月のマユダマと形態も意味も違わない。正月も盆も、本来は同じ行事であったことを、これ一つだけでも立証でき得る。

そばにいた本比田順正氏（昭和一七年生まれ）によると、ムシャーマとは「にわか芸」の意味だと教えてくれた。ムシャーマでのカツオ釣りは二名が出場した。昔のようにクバで作った笠をかぶり、メッタと呼ばれる小さな魚入れを腰にポーチのように付けている。この魚入れから紙ふぶきを飛ばすことで、餌撒きに見えるという。

カツオの模型は、デイゴと呼ばれる、軽くて加工しやすい木で作られ、Y字型に赤く色を塗ったものである。これで上手に釣る真似をして、実際の大漁も呼び込むわけだが、岩手県の釜石地方から、この日本最南端の地まで、一貫して同様のカツオ漁の儀礼が分布している。

波照間のカツオ漁

昼休みに再び、前集落の公民館に行った。本比田順正氏が「今朝から友達になった人だ」と皆に紹介していただき、そこで波照間のカツオ漁についても耳にした。

波照間島には、最盛期でカツオ船一二隻があって、一隻に二七名くらいが乗船した、重要な産業であった。漁期は旧暦の四月中旬から八月一五日までであった。午前の二～三時ころに出かけ、小浜島・黒島付近の漁場で、グルクン（タカサゴ）という名の餌を、船で雇った餌捕りから船に積み渡され、近辺の漁場でカツオ一本釣りを行なった。

漁期が終わる八月一五日は、鰹節工場で月見会をしながら、ヤギを解体して食べたものであったという。第一次オイル・ショック（一九七三年）のころから、少しずつ一本釣り船が消えて行き、今ではパヤオを用いたトロール漁法で少しは漁獲している状況である。

島との別れに

ムシャーマの三日間は、民宿に泊まることはできるが、食事はいっさい出ない。村人全員が参加するために、準備に大わらわで、民宿の家の人たちは誰もいなく、アルバイトが応対している。カップラーメンなどを売っている店も、開店時間が制限されている。丸二日、カップラーメンと菓子パンを交替しながら食いつないでいた。

民宿みのる荘に泊まり始めて、どうも三〇年前もここに泊まった気がしてならなかった。当時、同宿人には、サトウキビ工場で働いていた秋田県南部の出身者がいた。年配者であったが、旅先で働いては、また次のところへ移動してあるくような人だった。私が秋田県側からも宮城県側からも見える栗駒《くりこま》山のことを話すと、「懐かしいね」と言って、あらぬ方向に目を動かした。昭和五〇（一九七五）年のころにも、このように旅に生きているような人が、日本中を動いていたのである。

帰りの飛行場で手続きをしていた人が、みのる荘の主人だと紹介されたので、三〇年前に民宿をしていたかどうかを尋ねると、彼の民宿しかなかったような話ぶりである。この目の前の主人と、何日も同じ食事をしていたのかと思うと、握手を禁じ得なかった。

波照間が私の初めての調査地であったという思いは、今度の旅で、少しは中和されたのではないだろうか。今後は一つの調査地として、肩肘の張った思い入れなしに「波照間」という名を記すことができるかもしれない。一抹の寂しさも残るが、私の三〇年前に生まれた幻想をつぶしたことに関しては、成功した旅であったと思う。

青井安良船頭との交流記 ――少し長いあとがき

安さんとの最初の出会い

本書にたびたび登場する「安さん」こと、青井安良元船頭との出会いは、平成二〇（二〇〇八）年の二月のことだった。「もう来てたかい！」と元気に声をかけてくれたのが安さんであった。中土佐町久礼のヨシオサンという小正月行事を拝見したいことを事前に約束していたからである。当時の私は、トレードマークのように、正面に「鰹」という文字が白く刺繡されている黒いキャップをかぶっていたので、私の帽子を見た安さんは、すかさず「センセイ、いい帽子、かぶってるな」と言ってくれた。気仙沼に帰省してから、お世話になった御礼に、同じ帽子を贈った覚えがある。

二度目の出会いは偶然であった。同年の九月、第十八順洋丸が気仙沼港の内湾に係留しているのを、車を運転中に発見したのである。すぐにお神酒を買い求めて引き返し、船を訪問すると、安さんが中から現れた。実は当時、私は誤解をしていた。安さんのことを現役の船頭と思っていたのだが、すでに船頭は長男に譲っていた。たまたま気仙沼に用事があって来ていたのである。しかし、その誤解を縁に、安さんは翌年から、気仙沼に来るたびに、私を酒席に誘ってくれたのである。カツオを大漁したときに来たときには、電話がかかってきて、頂戴に上がったこともある。

翌年は、一緒に唐桑町（気仙沼市）の御崎神社にも参拝に行った。拝殿にも上がって、ていねいに拝んでいる横顔を見ながら、私は本物の漁師を発見した気がした。「第十八順洋丸」を、より大型の「順洋丸」に代えようとする前年のことだったと思われる。

私の漁師像は、気仙沼市小々汐《こごしお》の尾形栄七翁（明治四一年生まれ）によって培われた。栄七翁自身の極端な言い方を借りると、「神信心をするために魚を捕っているんだ」と、いうような漁師であった。私は再び、そのような漁師さんに接したような気がして、いつかこの人の半生を描いてみたいと思った。

ちょうど同じころだったと思われるが、気仙沼のスナックで、安さんは私を他の人に紹介するときに、「この人はカツオ漁に対して興味本位だからね」と言われたことがあった。その「興味本位」という言葉に、私はいささか考えてしまった。安さんの半生を描くということは、彼に「興味本位」と思われないカツオ漁の文章をどう書くか、ということでもあり、同時に課題として投げ与えられたのである。

東日本大震災を経て

さて、初対面のときに贈ったあの帽子はどうしたものだろうかと思ったことがないわけではなかったが、とうに忘れてしまっていた。ところが、震災後の二〇一三年の二月末、高知県黒潮町の佐賀に祀られている「青峰さん」のご縁日に一緒に参拝することになったとき、安さんはその帽子をかぶってきていた。神様の参詣のときにしかかぶらないと言う。大切に扱っていたことを知り、ありがたい気持ちでいっぱいになった。

　前年に私は神奈川大学の日本常民文化研究所の研究員になっていた。国立民族学博物館（民博）の日本展示がリニューアル化することになり、私は漁業展示を担当することになった。そのため、安さんにも展示用の大漁旗を用立ててもらったり、カツオ一本釣りの釣竿を作っていただいたりした。しかし、釣竿のほうは長さの都合上、青峰参詣の前日という予定日には、運送車を通して民博へ送ることができなかった。軽トラのレンタカーを借りて、自力で大阪の民博まで届けようかとさえ思ったほどである。

私にカツオを届けた後、第十八順洋丸に乗った
青井安良氏（08.10　気仙沼港）

　その夜、お詫びを兼ねて二人で杯を交わしたが、「いつも頼ってばかりいて済みません」と言ったところ、安さんは「なんちゃ、なんちゃ（気にするな）。かえって頼ってくれて、ありがとう」と応え

られた。その一言に私は、「そうか、自分は人に頼ってもいいのだな」と、震災以降ずっと張りつめていた心が緩むのを感じた。そのときから私は、この元船頭のことを「青井さん」ではなくて「安さん」と呼ぶようになった。

安さんが作った釣竿をようやく運ぶことができた日は、ちょうど震災から二年目の三月一一日のことであった。一年目は、津波で行方不明の母親がまだ発見されておらず、まだうなされているような興奮状態の中で迎えた。その月に母親はＤＮＡ鑑定で発見されたが、震災から二年目は、同じ気仙沼にいながら助けることができなかった当日のことが悔やまれ、その日のことが思い出されて仕方がなかった。民博の仕事で再び久礼に行くことになったとはいえ、私は安さんに「一一日の夜は、一緒に過ごしてくれませんか」とお願いしてみた。つまり、震災後に初めて、このような頼り方をしてみたのである。

地震があった二時四六分に、私は一人、久礼八幡宮で両手を合わせていた。振り返れば、久礼の春先の冷たい海が見えた。震災の日、津波で自宅が流されただろうと思われる三時半くらいまでの時間が、私には耐え難かった。その夜、安さんは私のために、自分の家に皿鉢料理を注文してくれ、二人で母親の供養の酒を飲んだ。

そのとき、安さんは、ぽつりぽつりと、自分の父親の最期について、語り始めたのである。それは昭和五〇（一九七五）年三月一五日の、船頭になって三度目の二九歳のときであった。時化のなか、第六順洋丸の上から甲板長であった父親が事故で海に落ち、翌日に命を失うことになった出来事であった。母親を津波から救えなかった私に対して、あえて身の上話を語ってくれたのである。

船の転落事故は、船の揺れるリズムの勘を取り戻していない漁期始めの二～三月に多いと言われるが、安さんの父親は、そのときは「あまり乗りたくない」と言っていたそうである。久米島沖南南西の海上で餌撒きの操業中、三人が転落して流れ、そのうち二人が自力で上がってきたが、父親は行方不明であった。そのうち浮かんでいる父親を発見して船に上げたが、沖縄本島の那覇港に戻る前に、海水が肺に入ったために亡くなった。

後で安さんに見せていただいた昭和五〇年の航海日誌には、久礼で葬式を行なって再度、漁場へ向かった三月二七日に、次のように記している。「今朝09時30分、久礼発、山川向け航海中。2航海目、3月15日、11時20分頃、船尾に大波をもらい父吾郎海中転落。胸部強打の為、海水吸引急性肺炎を起し、那覇港に全速帰航の途中、看病のかいなく死亡。父の葬儀も終り、今日出港の運びとなる。二度と事故の起ない様に各位注意し、これからの鰹事業に対し頑張って大漁を祈りたい」。

父の事故にめげずに気を取り戻そうしている様子が分かるが、父の四十九日の供養のために戻るときの五月三日の日記には、酒に酔って書いたと思われる文字で次のように記している。「3月16日吾郎、3月5日、元気出港。帰りに漁が有った。重ねたいけど帰る所であり、父吾郎の四十九日で有り、父のめいふく祈りて、ここにお休み。父死す。後悔を思う。…悲ミ後に残るや」。

毎日、他船の操業状況がびっしりと書かれているなかで、ひときわ目立つ文字である。

この話をしてくれた安さんとの別れ際、私は感謝の気持ちをうまく言葉にできず、ただただ何度も握手をして別れた。その夜、安さんの働き者の厚い手から力を得て、私は震災から三年目へ向けて出発することができたのである。

本書はどのように作られたか

漁業の民俗についてまとめた拙著のいくつかに、法政大学出版局の「ものと人間のシリーズ」に上梓することができた『漁撈伝承』（二〇〇三）、『カツオ漁』（二〇〇五）、『追込漁』（二〇〇八）の三冊がある。

『漁撈伝承』は前述した尾形栄七翁に対する鎮魂の書でもあり、『追込漁』は新島（伊豆七島）の大掛網の潜り船頭であった石野佳市さん（昭和二二年生まれ）という、優れた漁師さんとの出会いと、その漁に対する考え方から生まれた書であった。しかし、『カツオ漁』には、この二つの書に見え隠れするような人物が浮かばなかった。全国のカツオ漁の民俗の事例を列挙しているだけで、一人の漁師の考え方が影響を与えたような書ではなかったのである。私はいつも、そのことを気にしていて、『カツオ漁』は自身で越えるべき書としていつもあった。

『カツオ漁』の発刊から一〇年後、私は『安さんのカツオ漁』という書名をあえて掲げることで、一人の船頭の半生から見た、カツオ一本釣り漁の書を作ってみたかったのである。

Ⅰ章の「久礼への旅」は、先に安さんが生まれ育った久礼という町がどのようなところであるかということを、主に祭礼や年中行事を中心に旅日記風に描いたものである。初出は、いずれも、気仙沼市にある「三陸新報」という新聞の記事である。

Ⅱ章の「絵馬に描かれたカツオ漁」は、二〇〇八年に高知県立歴史民俗資料館の企画展として開催された「カツオと土佐人」展の、図録の原稿として執筆したものである。この機縁がなければ、安さんとは出会うことがなかった。

Ⅲ章の「安さんのカツオ漁」は本書の書名にも上げた章だが、一種の戦後からの昭和時代のカツオ漁を中心とした民俗誌である。改まった聞き書き調査はむろんのこと、酒席で、あるいは共に参詣旅行をした最中に小耳にはさんだことまで文章に投げ入れている。

また、このⅢ章と次のⅣ章だけは、安さんに何度も原稿を送って読んでもらい、逐次、訂正と補足をしてもらっている。メモを書き込んだ付箋を原稿にびっしりと貼って返送してもらったこともある。実際に書き加えていただいたことで、はっきりした部分も多かった。

とくに、安さんが幼いときに小鳥を捕えるために、稲刈り後の田に作った「コボデ」と呼ばれる罠について尋ねたところ、そのコボデを少年時代からの友人と共に再現し、その写真を送っていただいたときは驚きとともに感謝するばかりであった。製作材料を接写した写真の下部には、安さんのいつものサンダルのつま先と、少し出てきたお腹が写っていたが、撮影する姿が浮かんで心が動かされた。

この章は、青井安良氏の客観的な伝記ではない。安さんから語ってくれたことを、やや年代的に並べ、それに一漁期のサイクルをかぶせている構成である。また、漁師の自然観のようなものを探りたいために、あえて「少年時代と生物」の項を挙げた。漁師は船上で外なる自然だけでなく、内なる自然にも向き合っている。食べることや排せつに関しては「船上と旅先の食事」の項に述べたが、性に関しては書き及ぶことができなかった。

Ⅳ章の「「餌買日記」に描かれたカツオ漁」は、安さんが船頭を下りてから餌買を始めたときに書かれた日記を元に構成したものである。Ⅲ章は安さんの船頭時代を主とした描写に留め、Ⅳ章はその後の時代を対象としたものである。いわば、船上ではなく、オカからカツオ漁を支えている様子を、餌買の仕事を中心に、日記に沿って展開している。

この「餌買日記」の発見は大きかった。飾ることのない直截的な表現は、カツオ船を経営することのご苦労と家族一人一人に対する温かなまなざしに満ちていた。かつて安さんが私に対して「興味本位」と言ったことの意味がわかったような気がした。また、プライベートな日記を私に託されたこと自体、もはや「興味本位」だけで書く人間ではないことを信頼されたものと思われた。そして、日記を手に持ったとき、これで前著の『カツオ漁』を自分のなかで越えることができるかもしれないと思ったのである。

Ⅴ章の「震災年のカツオ漁」とⅥ章の「カツオ漁の風土と災害」は、日本民俗学会（第八七二回談話会「漁業と漁村・漁民の現在」、二〇一三年一二月一五日）や日本カツオ学会（二〇一四カツオセミナー in高知、二〇一四年六月二八日）において口頭発表した草稿をもとに構成したものである。

Ⅶ章の「カツオ漁の旅」は、気仙沼市の「三陸新報」に、一九八七年から連載し始めた「漁村を訪ねて」のシリーズや、一九九九年から連載している「島わたりの記」のシリーズのなかから、「カツオ漁」に関わるものを選んで構成した旅日記のようなものである。久礼のカツオ漁の民俗を相対化する上でも、大事な章になった。安さんにとっても、これらの土地の多くはカツオ船をとおしてあるき回り、なじみの深いところばかりである。

安さんのフィールドから得たこと

最後に、安さんとのフィールドから得たことを、いくつか述べてみたい。

先にも述べたように、今回は自分の原稿を、安さんが登場するものに限って、目を通してもらい、さらに疑問点を書いて文字で応えてもらい、補足もしてもらった。聞き書きだけでは得られなかった、整然とした考えが理解できた。

また、民俗語彙をどのように文字で表記するのかというときに、その地方のニュアンスも含めた「民俗書記」とも呼ばれるような伝承もあることを知った。たとえば、私などは、カツオの群れを指すに「ナムラ」のほうがナ（魚）とムレ（群れ）の語感が連想されるので、よくその表記で使用してしまうが、カツオ一本釣りの漁師さんの感覚では「ナブラ」である。安さんの「餌買日記」を読み続けるなかでも、さまざまな「民俗書記」を学ぶことが多かった。

次に、逆に言葉や文字を介さないフィールド・ワークや伝承の現場を体験した例を挙げておきたい。千葉県の勝浦市に順洋丸が水揚げするので、一緒に寄港するのを待っていたときのことである。明日に戻るというときに、船への食料などを買いに勝浦のスーパーマーケットに寄った。安さんはバナナや一口羊羹を探し求めたが、船員の人数に満たない量であったので、私はすぐにこれはオフナダマの供物であることを知り得た。しかし、安さんはそれをとくに言葉では説明しなかったので、私もあえて聞くことはしなかった。言葉で説明してしまうことがその神の力を損なうように思われたからである。もしかしたら安さんのほうも、私がことさらに尋ねない理由も察していたかもしれない。フィールド・ワークの行きつく果ては、言葉のいらない以心伝心の世界である。

さらに、いまさら述べるまでもないことだが、フィールド・ワークに心がける者は、語ってくれる相手やその地域に対して、現実的にはまったく役に立たない存在であることを認識しなければならないことである。安さんが船から下りてからは、航海安全や大漁の祈願に参詣にあるくことが多くなったというが、漁に関しては、そういうかたちでしか、現実の順洋丸を支えることができないことを教えてもらった。ましてや、そのフィールド・ワーカーは、カツオを一本でも釣るわけでもなく、現実的には役に立たない者であること、そして期待さえもされていないことに、最後まで耐えなければならないだろう。

安さんとその家族にとって、このような独りよがりの書を上梓することさえ、はたして喜ばしいことなのか、私はこの期に及んでも半信半疑である。交流が深まるにつれ、相手にとって何か役立つことを行なって恩返しをしたいと思うのも人の心のありようであるが、むしろ相手は現実的に関わりがないからこそ心を開いてくれているのかもしれないのである。おそらくこの地点こそが、民俗学のフィールド・ワークの入口であり出口である。

いずれにせよ本書は、防潮堤のなかった気仙沼港で、オカの者と海の者とが出会ったことで生まれた書である。幼いころから気仙沼小学校の通学路でもある港で出会い、ある種の憧れと畏敬の存在でもあったカツオ船の船頭と、がっぷりと四つに組んだ交流ができただけでも、私には子どものころからの夢が叶ったように思われる。さらにまた、このような港町で生まれ育ったことにも感謝している。そういう意味では、気仙沼港の震災からの復興を応援する書としても造りたかった。

気仙沼や久礼で数限りなくお会いし、話をしていただき、文通を通して何度も原稿に手を入れてくれた安さんには感謝申し上げたい。貴兄との東日本大震災を挟んだ七年間の交流がなかったら、本書は生まれることはなかった。久礼の夕方、定宿のサンダルばきで安さんと町に飲みに繰り出す時間が好きだった。漁具倉庫に陣取っての聞き書きや、安さんが入れてくれたインスタントコーヒーの旨さも、私にとっては誇りに思う記憶である。最後まで悪い飲み友達としてしか認められなかった、安さんのご家族の心労に対してもお詫び申し上げたい。さらにまた、「カツオ漁の旅」の章を書くにあたって、列島の多くのカツオ一本釣りの漁師さんと餌買や餌屋さんに感謝を申し上げる。

最後になるが、『津波のまちに生きて』に続く書として、おはからいをしていただいた冨山房インターナショナル社長の坂本喜杏氏と、今回も写真の選択をはじめ、ていねいなご指導をいただいた編集の新井正光氏に御礼申し上げたい。

カツオ一本釣りは今後、資源問題などで国際的な舞台に立たなければならなくなるだろうが、カツオ漁をめぐる各地の歴史と民俗を基盤にして、間違うことのない道を歩んでいってほしいとひたすら願っている。

二〇一四年一〇月二五日　久礼の天神様の祭日に

川島　秀一

初出一覧

（初出に、訂正、加筆してある。）

はじめに――三陸から土佐へ　書き下ろし

Ⅰ　久礼への旅　「三陸新報」（二〇〇八～一一）を改稿

Ⅱ　絵馬に描かれたカツオ漁

　高知県立歴史民俗資料館編『企画展　鰹「カツオと土佐人」展示解説図録』（二〇一〇）、原題は

　「絵馬とカツオ漁――描かれた土佐カツオ一本釣り漁の民俗――」

Ⅲ　安さんのカツオ漁――昭和のカツオ漁民俗誌　書き下ろし

Ⅳ　「餌買日記」に描かれたカツオ漁

　――餌買の旅を追う　東北民俗の会『東北民俗』第48輯（東北民俗の会、二〇一四）に大幅加筆、原題は副題なし

Ⅴ　震災年のカツオ漁　日本民俗学会談話会での口頭発表草稿（二〇一三）

Ⅵ　カツオ漁の風土と災害　日本カツオ学会での口頭発表草稿（二〇一四）

Ⅶ　カツオ漁の旅　「三陸新報」（一九八七～二〇一〇）を改稿

青井安良船頭との交流記――少し長いあとがき　書き下ろし

川島秀一（かわしま　しゅういち）
1952年生まれ。宮城県気仙沼市出身。法政大学社会学部卒業。博士（文学）。東北大学附属図書館、気仙沼市史編纂室、リアス・アーク美術館、神奈川大学特任教授などを経て、現在、東北大学災害科学国際研究所教授。
著書に、『ザシキワラシの見えるとき』（1999）、『憑霊の民俗』（2003）、『魚を狩る民俗』（2011・以上三弥井書店）、『漁撈伝承』（2003）、『カツオ漁』（2005）、『追込漁』（2008・以上法政大学出版局）、『津波のまちに生きて』（2012・冨山房インターナショナル）、編著に山口弥一郎『津浪と村』（2011・三弥井書店）などがある。

安《やっ》さんのカツオ漁

2015年1月15日　第1刷発行

著　者　川　島　秀　一
発行者　坂　本　喜　杏
発行所　株式会社冨山房インターナショナル
〒101-0051
東京都千代田区神田神保町1-3
TEL 03(3291)2578
FAX 03(3219)4866
URL:www.fuzambo-intl.com
印　刷　株式会社冨山房インターナショナル
製　本　加藤製本株式会社

ISBN 978-4-905194-85-9　C0039

津波のまちに生きて

川島秀一

宮城県気仙沼に生まれ育ち、三陸沿岸の漁民の生活と文化をもっともよく知る民俗学者が、東日本大震災の被災体験と、海とともに生きてきた人々の民俗を描く。（一八〇〇円＋税）

東日本大震災詩歌集

悲しみの海

谷川健一
玉田尊英 編

平成二十三年三月十一日、東北地方を大震災が襲った。そのなかを生きた岩手、宮城、福島の詩人・歌人を中心に編んだアンソロジー。悲劇に向き合った記録。（一五〇〇円＋税）

谷川健一全集

全二四巻

（各巻六五〇〇円＋税・揃一五六〇〇〇円＋税）

第1巻**古代1** 白鳥伝説／第2巻**古代2** 大嘗祭の成立、日本の神々他／第3巻**古代3** 古代史ノート他／第4巻**古代4** 神・人間・動物、古代海人の世界／第5巻**沖縄1** 南島文学発生論／第6巻**沖縄2** 沖縄・辺境の時間と空間他／第7巻**沖縄3** 渚の思想他／第8巻**沖縄4** 海の諸星、神に追われて他／第9巻**民俗1** 青銅の神の足跡、鍛冶屋の母／第10巻**民俗2** 女の風土記他／第11巻**民俗3** わたしの民俗学他／第12巻**民俗4** 魔の系譜、常世論／第13巻**民俗5** 民間信仰史研究序説他／第14巻**地名1** 日本の地名他／第15巻**地名2** 地名伝承を求めて他／第16巻**地名3** 列島縦断 地名逍遥／第17巻**短歌** 谷川健一全歌集他／第18巻**人物1** 柳田国男／第19巻**人物2** 独学のすすめ、折口信夫他／第20巻**創作** 最後の攘夷党、私説神風連他／第21巻**古代・人物補遺** 四天王寺の鷹他／第22巻**評論1** 評論、講演他／第23巻**評論2** 評論、随想、講演他／第24巻**総索引**